地質学者が見た風景

坂 幸恭

2008年5月

築地書館

裏表紙
志摩半島では，ジュラ紀〜前期白亜紀の秩父帯付加体*が北東—南西方向の断層によっていくつもの細長い帯に分断されている。そして後期白亜紀の汽水〜浅海堆積物（108参照）および付加体とは異質な火成岩・変成岩の岩塊（109参照）が付加体の帯に挟まれている。前景には後期白亜紀の礫岩・砂岩が露出している。その背景では，海岸に沿って後期白亜紀層，そこから稜線までが付加体である。遠景の山陵は付加体からなる。〔三重県鳥羽市安楽島より南方を望む；1991年3月〕

扉
テチス海*で繁栄したサンゴ礁は，石灰岩や大理石（変成を受けて結晶質となっている石灰岩）と化し，地中海沿岸諸国の彫刻・建築石材として古くより利用されている。ここ，パドゥバ南方のポンポーサ教会は柱ごとに形と装飾が異なることで知られている。レンガを基調とした荘重な建築物に採り入れられている真っ白な大理石が，ひときわ目を引く。〔イタリア，パドゥバ南方；1991年8月〕。

目次

序文..7
スケッチ地点索引地図..10
日本列島地質概略図・地質年代図........................12
解説..14
スケッチ..31

I 裂けていく大陸—アフリカ大陸——————

a 東アフリカ大地溝帯
  1 グレゴリー・リフトを限る断層崖1..................32
  2 グレゴリー・リフトを限る断層崖2..................33
  3 雁行するリフトの断層崖..................................34
  4 マラウイ・リフトの西側を限る断層崖..............35
  5 マラウイ・リフトの東側を限るリビングストーン山脈..........36
  6 東アフリカ・リフトバレーの南端—チョロ・リフト..........37
  7 チョロ・リフトを流れるシレ川........................38
  8 妍を競うリフトの火山1：ロンゴノット火山......39
  9 妍を競うリフトの火山2：ススワ山..................40
 10 妍を競うリフトの火山3：メネンガイ山の火口..........41
 11 引き裂かれている火山....................................42
 12 キリマンジャロ..43
 13 キリマンジャロ山頂..44
 14 リフトを彩る湖1：エルメンテイタ湖..............45
 15 リフトを彩る湖2：マガディ湖........................46
 16 リフトを彩る湖3：ナイバシャ湖....................47
 17 マラウイ湖の朝..48
 18 マラウイ湖畔1..49
 19 マラウイ湖畔2..50
 20 マラウイ湖畔3..51
 21 マラウイ湖畔4..52
 22 マラウイ湖畔5..53
 23 マロンベ湖..54
 24 温泉が湧出..55
 25 インド洋に浮かぶ微小大陸—セイシェル，マヘ島..........56

b 大地溝帯の外側
 26 ビクトリア湖..57
 27 ビクトリア湖遠望..58
 28 動物の大移動..59
 29 雨季末期..60
 30 マラウイ／ザンビア国境................................61
 31 マラウイ／モザンビーク国境..........................62
 32 花崗岩ドーム—ムボニ丘................................63
 33 ムボニ丘頂上..64
 34 ムボニの里..65
 35 ムボニ丘斜面の耕作......................................66
 36 熱帯で冬枯れ？1..67
 37 熱帯で冬枯れ？2..68
 38 大草原を汽車は行く......................................69
 39 愛でられることもない景勝..........................70
 40 ムランジェ山..71

目次

41 ムランジェ・クレーター……72
42 バオバブ……73
43 リビングストニア教会……74, 75
44 サンゴ礁海岸の貝殻採り……76
45 浮き橋……77
46 モンバサ島……78
47 驟雨……79
48 ジーザス砦……80

II 拡大している大西洋—アイスランド

49 プレートの境界……81
50 溶岩台地を引き裂くギャオ……82
51 クラブラ火山……83
52 偽火山……84
53 溶岩原—エルトブラウン（燃える溶岩）……85
54 真新しい溶岩流……86
55 火山噴火で洪水が起こる—ヨクトルラウプ……87
56 溶岩台地1……88
57 溶岩台地2……89
58 溶岩台地3……90
59 温泉……91
60 地熱発電のおまけ……92

III 潰されるトルコ

61 北上を続けるアラビア半島……93
62 北アナトリア断層……94
63 北アナトリア断層の断層線……95
64 北アナトリア断層のトレンチ調査……96
65 東アナトリア断層……97
66 断層がずれてできる盆地1（北アナトリア断層）……98
67 断層がずれてできる盆地2（北アナトリア断層）……99
68 断層がずれてできる盆地3（東アナトリア断層）……100
69 北アナトリア断層直上の民家1……101
70 北アナトリア断層直上の民家2……102
71 ネムルート巨大墳墓……103
72 パムッカレ……104
73 アナトリア高原……105
74 カッパドキア……106
75 灌漑……107
76 アナトリア高原南麓……108
77 テチス海の名残り1：黒海……109
78 テチス海の名残り2：ボスポラス海峡……110
79 テチス海の名残り3：ダーダネルス海峡……111

IV 大陸と海洋の狭間

a 海底変じて陸となる
80 陸上に現れた海洋地殻1……112

81	陸上に現れた海洋地殻2	113
82	層状岩脈群	114
83	ヤイラ火山	115
84	陸上に現れた海洋地殻3	116
85	陸上に現れた海洋地殻4	117
86	石灰岩の山陵1：高床住居	118
87	石灰岩の山陵2：並走する盆地	119
88	石灰岩の山陵3：盆地に広がる田園	120
89	石灰岩の山陵4：谷間の耕作	121
90	石灰岩の山陵5：ハロン湾	122
91	石灰岩の山陵6：桂林1	123
92	石灰岩の山陵7：桂林2	124
93	鼠返しのある納屋（アルプス山脈93〜96）	125
94	ワーレン湖	126
95	石灰岩アルプス1	127
96	石灰岩アルプス2	128
97	海溝の堆積物—タービダイト1	129
98	海溝の堆積物—タービダイト2	130
99	タービダイトの褶曲	131
100	海底地すべりによる褶曲	132
101	プランクトンの殻からできた岩石—チャート	133
102	海洋に堆積した順序1	134,136
103	海洋に堆積した順序2	135,136
104	変身したサンゴ礁—石灰岩	137
105	海底地すべり岩塊1	138
106	海底地すべり岩塊2	139
107	海底地すべり岩塊3	140

108	山中地溝帯	141
109	五ヶ所−安楽島構造線	142
110	仏像構造線	143
111	深く沈み込みすぎた付加堆積物	144

b　火山と地震

112	レーニエ火山	145
113	磐梯山	146
114	洞爺湖と昭和新山	147
115	1977年有珠山噴火の火口	148
116	1977年有珠山噴火の爪跡	149
117	2000年有珠山噴火の爪跡	150
118	爆裂火口	151
119	キタキツネ	152
120	層雲峡俯瞰	153
121	火山泥流	154
122	兵庫県南部地震—野島断層1：断層擦痕	155
123	兵庫県南部地震—野島断層2：雁行割れ目	156
124	兵庫県南部地震—野島断層3：ずれた用水路	157

c　地殻変動の産物

125	古城（世界の屋根—チベット高原125〜131）	158
126	傾斜する地層1	159
127	傾斜する地層2	160
128	左右対称な褶曲	161
129	倒れ込んでいる褶曲	162
130	横倒しとなっている褶曲	163

目次

- 131 地層の落丁……164
- 132 めくり上げられた地層1……165
- 133 めくり上げられた地層2……166
- 134 地層の段差……167
- 135 恐竜が眠る里……168
- 136 ライン地溝……169
- 137 スコットランドを横断する断層1：ネス湖……170
- 138 スコットランドを横断する断層2：ロッカイ湖……171
- 139 中央構造線1……172
- 140 中央構造線2……173
- 141 本州の食い違い痕―諏訪湖……174
- 142 地表に現れたマントルの岩石……175

V 大地の造形

a 重力

- 143 落石の通り道……176
- 144 火山の斜面……177
- 145 岩盤の崩落……178
- 146 崖錐……179
- 147 覆道……180
- 148 地すべりの置きみやげ……181

b 氷河

- 149 氷舌……182
- 150 氷冠……183
- 151 マッターホルン……184
- 152 カール（圏谷）氷河……185
- 153 氷河の合流……186
- 154 氷河末端……187
- 155 氷河末端湖……188
- 156 U字谷……189
- 157 氷河が研いだ刃―アレート……190
- 158 ヨセミテ峡谷……191
- 159 フィヨルド……192
- 160 浅いフィヨルド……193
- 161 氷食谷湖―グラスミア湖……194
- 162 終堆石……195
- 163 側堆石……196
- 164 氷河が引っ掻いた痕……197
- 165 氷河の置きみやげ―迷子石……198
- 166 氷河がつくった平原……199
- 167 融氷河水流……200
- 168 融氷河水流の氾濫源（サンドゥル）1……201
- 169 融氷河水流の氾濫源（サンドゥル）2……202

c 雨水

- 170 花崗岩の風化……203
- 171 石灰岩の風化……204
- 172 石灰岩の溶食地形―ドリーネ……205
- 173 雨水がうがった溝―ガリ1……206
- 174 雨水がうがった溝―ガリ2……207
- 175 雨水がうがった溝―ガリ3……208

- 176 雨水の彫刻1……209
- 177 雨水の彫刻2……210

d 河川

- 178 グランドキャニオン……211
- 179 リトル・コロラド川……212
- 180 河岸侵食……213
- 181 山間を流れる川……214
- 182 モニュメント・バレー……215
- 183 流れがつくる砂模様—リップル1……216
- 184 メコン川……217
- 185 流れがつくる砂模様—リップル2……218
- 186 リップルが残した地層……219
- 187 イラワジ川の河口……220
- 188 網状河道……221
- 189 トラバーチンの帯……222
- 190 トラバーチンの棚田……223
- 191 トラバーチンの積もり方……224
- 192 全面結氷も間近のウスリー川……225

e 海

- 193 波による研磨……226
- 194 ドーバー海崖……227
- 195 海食崖と海食洞門……228
- 196 馬の背洞門……229
- 197 離れ岩……230
- 198 砂州と離れ岩……231
- 199 海底面変じて高台をなす……232
- 200 かつての山陵がなす岬……233
- 201 大陸はどこに？……234

f 風

- 202 メキシカン・ハット……235
- 203 茸岩……236
- 204 砂丘……237
- 205 砂丘群……238
- 206 砂丘からできた地層1……239
- 207 砂丘からできた地層2……240

g 侵食作用の果て

- 208 欧州大陸の分水界—モラビア門……241
- 209 侵食作用の果て……242

h 地形の人工改変

- 210 鳥形山……243
- 211 武甲山1……244
- 212 武甲山2……245
- 213 採石場跡……246
- 214 平原の採石場……247
- 215 ボタ山……248
- 216 石炭列車……249
- 217 締め切り堤防……250
- 218 万里の長城……251

地名・地層名索引 ……253

序文

　私は旅が好きです。もう少し正確に言えば，乗り物に乗ることと，次から次へ移り変わる景色を眺めることをこよなく楽しみとしております。初めての地ではもちろん，十年一日のごとく利用している通勤電車でも，よほどの美人と乗り合わせない限り，飽くことなく猥雑な都心の景色に眼をやっています。景色とは，地形（地殻表面の起伏），植生と水，それに人の生活の営み，この3者が織りなす景観です。1つだけが卓越して他の要素が希薄な景観も，3者がほどよく混交している景観もあります。空は重要な舞台装置です。

　地質学を専攻する私は，植生と人手のベールで覆われている部分がなるべく少ないところを選んで調査してきました。まず地形を観察します。地形は地下の地質構成や地質構造を反映していることが多いものです。岩石が地表に現れているところ（露頭）では，直接その岩石がもつ地質時代の事件の記録を読み取ります。

　デジタルカメラが出まわるまでは，撮影した地形や露頭がうまく写っているかどうか，現像するまで分かりませんでした。また，現地では明瞭に判別できた被写体が，モノクロ写真ではもちろん，カラー写真でも見分けがつかないことが少なくありませんでした。そこで風景にしろ露頭にしろ，被写体を簡単にスケッチしておくことが肝要です（次ページ参照）。これを怠るとデータを活用することができない羽目となります。現像した写真と照合すればスケッチは用済みです。

　しかし不思議です。現場でははっきりと識別できたものが，なぜ写真では分かりにくいのでしょうか。それは人間の眼の特性のせいです。肉眼では，見たいもの，興味あるものが優先的に認識されますが，すべてを1つの平面に投影した写真では，その特性が効かずに，必要なものも邪魔なものも同等に存在を主張しています。

　そこで，写真を眺めてスケッチを起こせば両者の特性を活かせるのではないかと考えました。そのスケッチがかなりの数に達したので，地質学の枠組みに合わせてまとめてみました。ズブの素人の自己流作品ですから，水彩画のもつ，エキスを抽出したような軽妙さとはほど遠いものばかりです。画題はすべて私が訪れて観察したものであるため，地域は大きく偏っています。また，最初から出版を目指して描いてきたわけではないので，扱った分野にも軽重があります。それを無理に系統的に配列しようとしたため，かえって混乱している感も否めません。

　『何が描いてあるのだ』という疑問が生じたら，添えてある説明文を読んでください。本当は，巻頭の解説を読んでから，順にページを繰っていただきたいところですが，それでは「一般教育必修科目の講義」となってしまいます。それでも構わないという読者のために，解説のなかで簡単に定義や説明をした語には，＊がついています（例：**地球**⇔地球＊）。さあ，地質探検旅行に出かけましょう。

2007年12月　　坂　幸恭

左上　噴火口をもつ火山（中心噴火火山）は，地下深部から延びているマグマの通り道（火道）を上昇してきたマグマが地表に流れ出したり，粉砕されて火山灰や火山礫となり，火口の周りに円錐状に堆積してできる。マグマは地下で中心火道から枝分かれして四方に延びていってそのまま固まってしまうこともある。火山活動が終わって長い時間が過ぎると，火山体は風化*と侵食によって削られ，やせ細っていく。やがて，火山のいわば背骨と肋骨をなしている堅固な溶岩の塊が地表に現れることになる。中心火道の残骸を火山岩栓，枝分かれした火道を岩脈という。〔アメリカ，コロラド州ラヴァタ，スパニッシュ・ピーク；1995 年 8 月〕

右上　87 で紹介する，盆地を占める白亜紀層とそれを挟んでいる三畳紀石灰岩の境界付近の一部，盆地南限の断層に近い部分の三畳紀層。泥岩起源の変成岩も認められる。〔ベトナム，エンチャウ；2003 年 3 月〕

左下　109 で紹介する，ジュラ紀〜前期白亜紀の秩父帯付加体*中に介在する蛇紋岩。蛇紋岩中に変はんれい岩が捕獲岩として取り込まれている。蛇紋岩も変はんれい岩もジュラ紀〜前期白亜紀の付加体とはまったく異質の岩石である。〔三重県南伊勢町南勢築地；1998 年 11 月〕

右下　後期白亜紀の四万十帯付加体*に典型的な岩相の 1 つ。陸源の泥岩と砂岩中に，それらとは生成環境も生成機構も異なる岩石，たとえばチャート（赤道海域），石灰岩（海山頂部の暖かい浅海），緑色岩（海洋地殻*や海底火山の玄武岩）の岩塊が乱雑に含まれている。これらは，いったん陸側に付加した遠洋性の堆積物が，海溝斜面をなす大陸斜面から海底地すべりによって海溝に崩落したものと考えられる。〔三重県南伊勢町南島古谷川；1998 年 11 月〕

下地　135 で紹介する中国内陸部の陸成白亜紀層。〔中国四川省，成都市—ジゴン間；2001 年 10 月〕

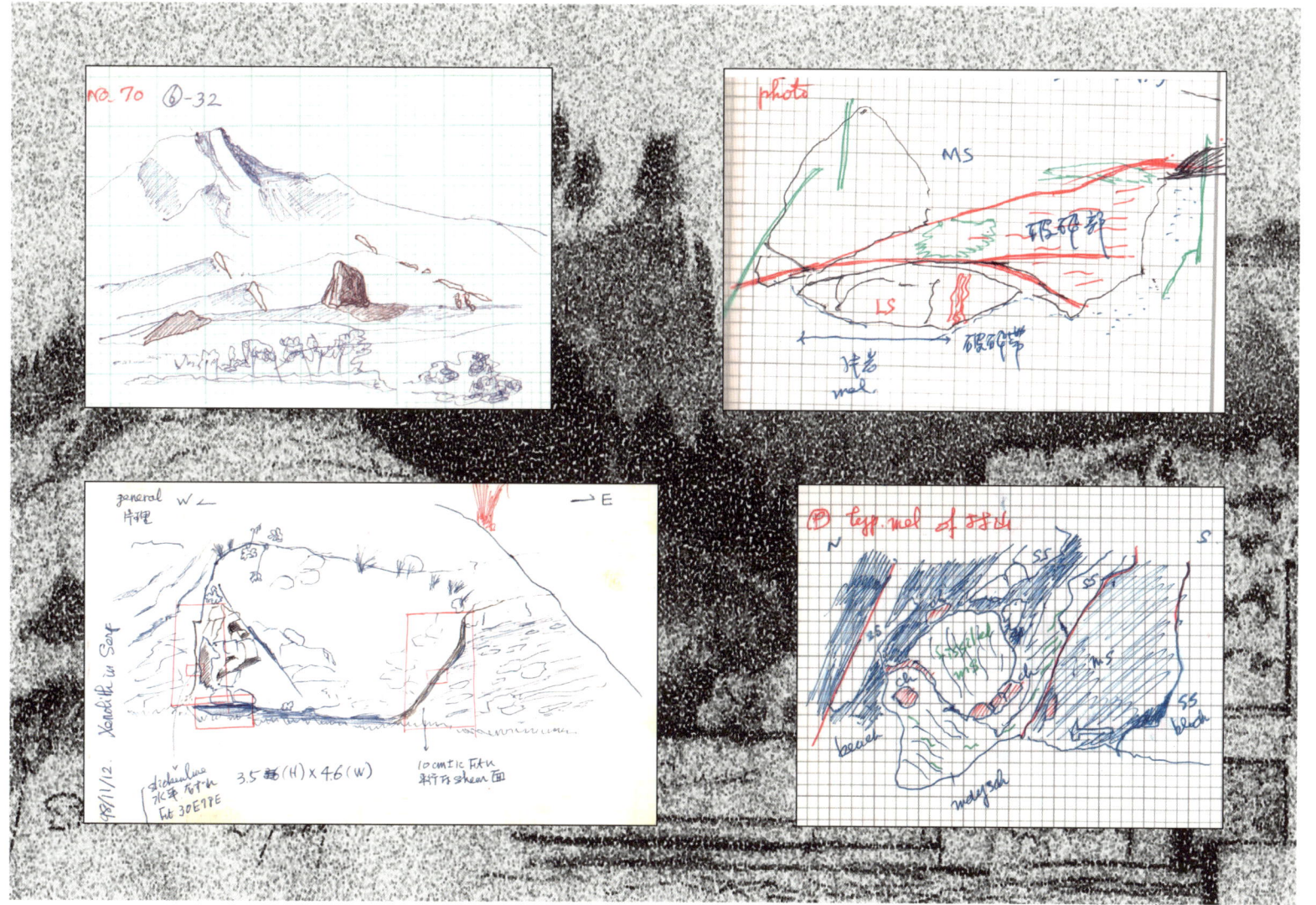

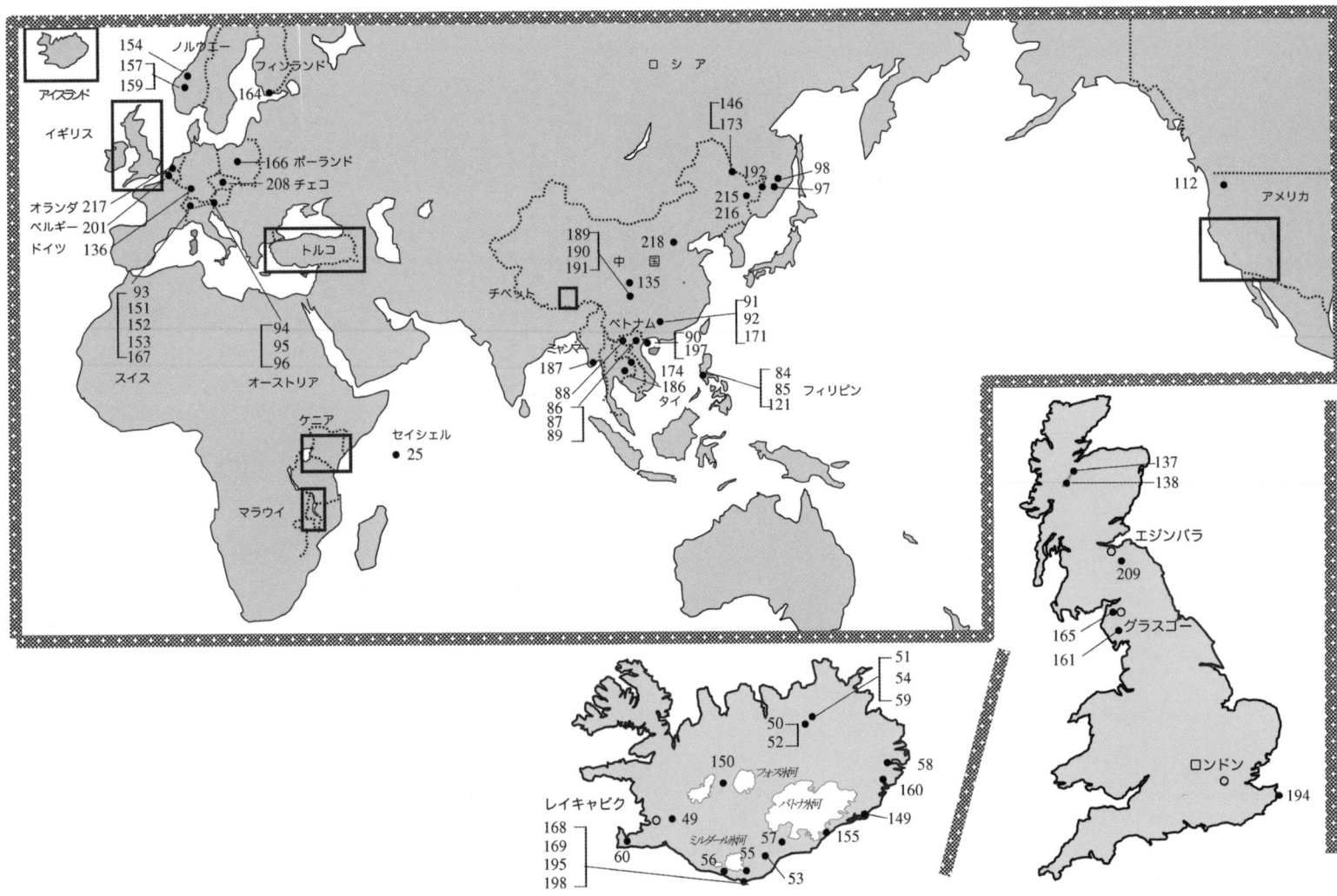

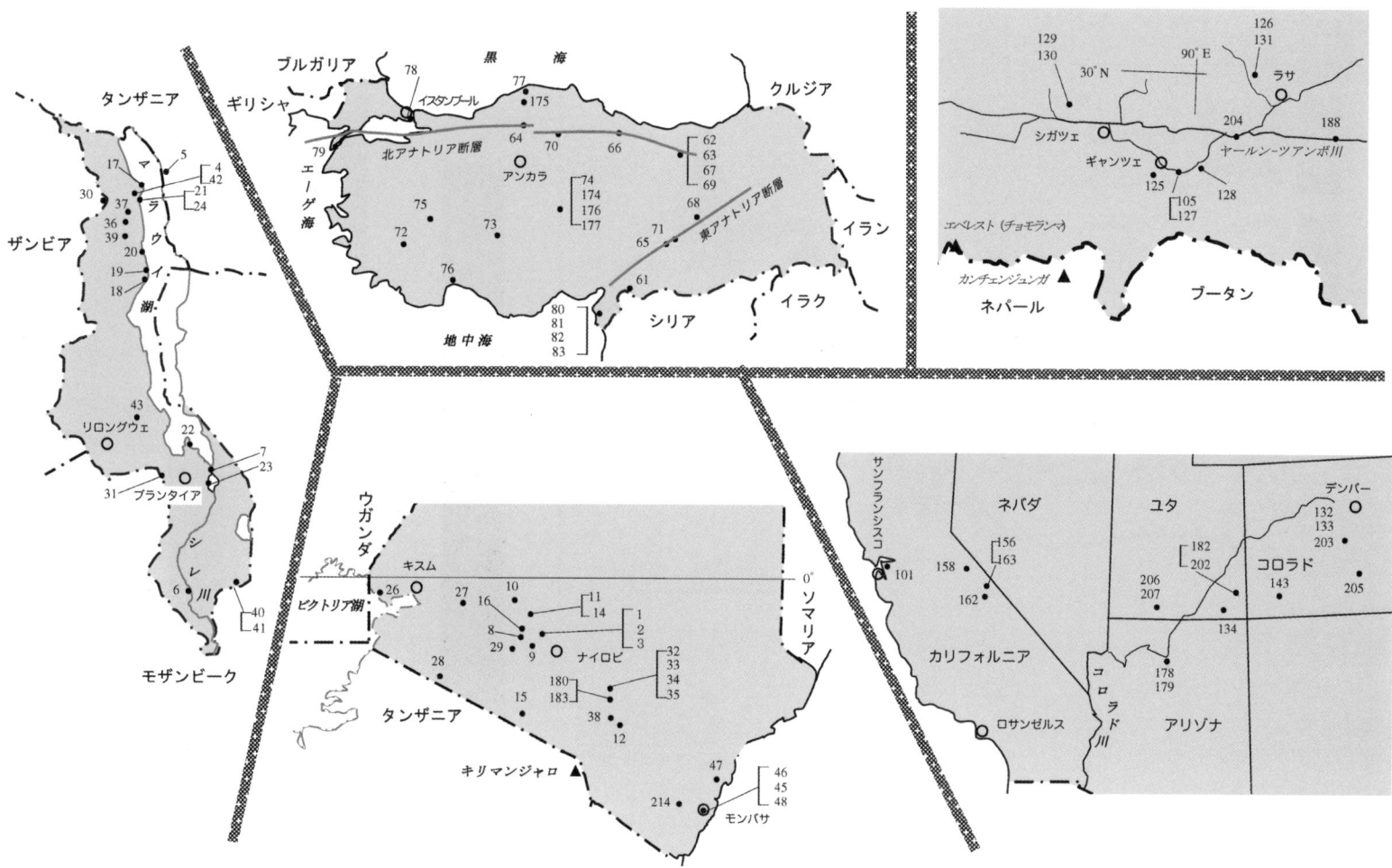

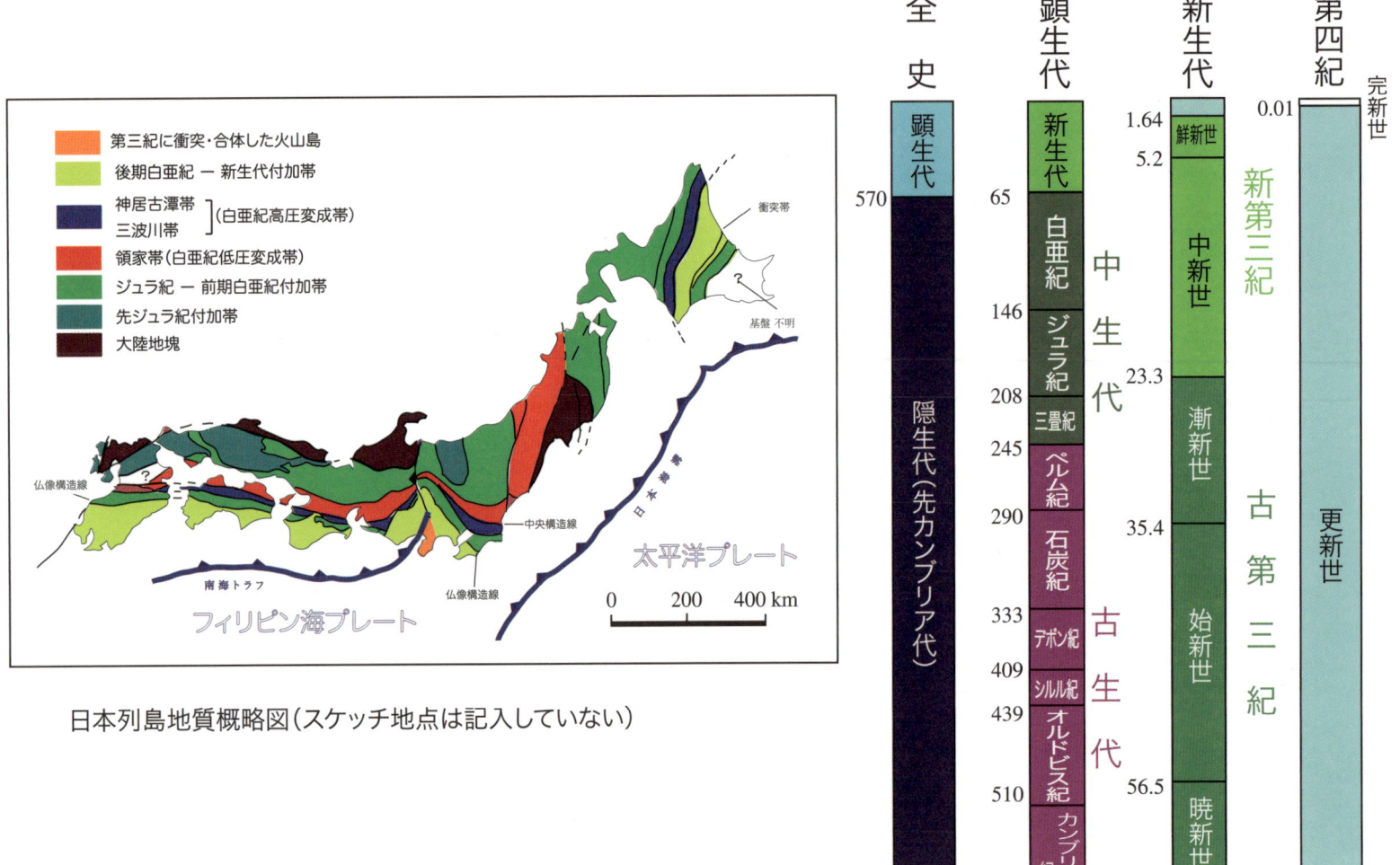

日本列島地質概略図（スケッチ地点は記入していない）

（数字の単位はMa：100万年前）

解説

I 地球の容貌と中身

1. 固体地球の構成

地球の固体部分（以下，単に地球と呼びます）は同心状の4つの部分に分かれています（図1）。表層の**地殻**（厚さ5～60km）は最も軽い物質（岩石）からできています。その下のマントル（約2900kmまで）はそれより重い岩石。中心部を占める**外核**（液相：深さ2900～5100km）と**内核**（固相：深さ5100km～地球の中心の6370km）は鉄－ニッケルからできていて最も重い部分です。

この区分は構成物質の組成と状態に基づくものです。それぞれが力に対してどのようにふるまうかということに着目すると，岩石圏と流動圏に2大別されます。**岩石圏**には地殻とマントルの最上部が含まれ，マントルの大部分と核は**流動圏**に属します。流動圏は長期間にわたって作用する力に対しては，固体でありながら液体のように反応（流動）するのです（ただし外核は実際に溶融していると考えられています）。岩石に微小な割れ目が一時的に生じ，それに沿って微小部分がずれたり回転したりして，巨視的には岩石全体がなめらかに流動変形（固体流動）するように見えるメカニズムが考えられています。これに対して岩石圏は流動変形することができず，大きい力がかかると巨視的に切れたり割れたり，つまり，堅固ではあるもののもろい物体としてふるまいます。

2. 地球の表層

核はそれを取り巻くマントルに熱的な影響を及ぼしているはずですが，マントルの岩石と核の鉄－ニッケルとの間で混合は起こっていないので，

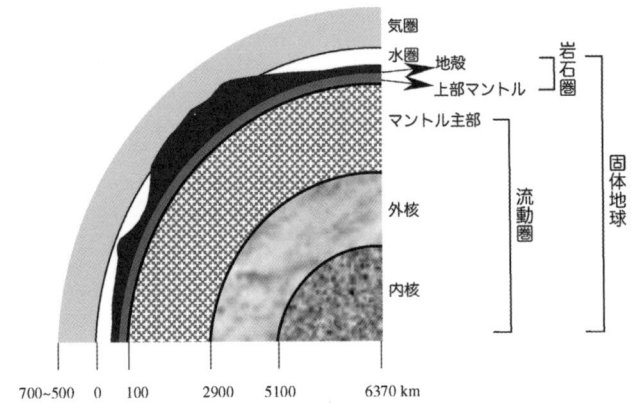

図1 地球の構成（各圏の厚さは数字と合致していない）

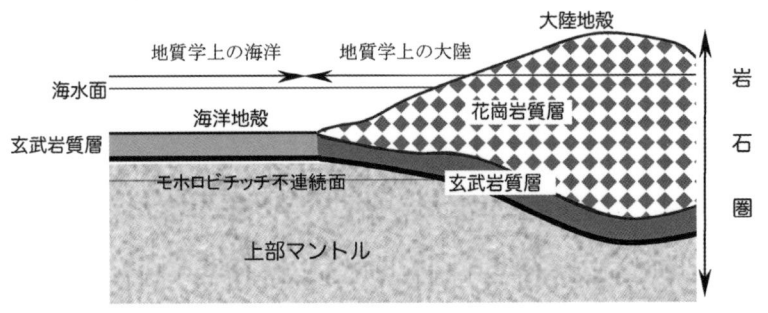

図2 岩石圏の構成（モホロビチッチ不連続面は地殻とマントルの境界面）

以下，流動圏をなすマントルとその上の岩石圏に話を限ることにします。

岩石圏は地殻と上部マントルからなり，厚さは平均して約100km程度です。地殻とマントルはよく鶏卵の殻と白身にたとえられますが，鶏卵とは少し異なっています。地殻が最表層をなすことは卵と同じですが，実は地殻はどこでも同じではありません。

大陸をつくっている地殻と海洋の地殻とでは厚さ・構成とも大きく異なっています（図2）。**大陸地殻**は上半分がやや軽い**花崗岩質層**（密度 $2.8g/cm^3$，厚さ 20～40km），下半分がやや重い**玄武岩質層**（$3.0g/cm^3$，10～20km）からなる二重構造で，そのぶん厚い（30～60km）。**海洋地殻**をなしているのは玄武岩質層（$3.0g/cm^3$，5km±）のみであるので薄い。花崗岩質層は地球表面を一様に覆うことなく，散在していますが，玄武岩質層は大陸地殻の下半分と海洋地殻をなして全体を覆

っています。地図では陸は海面より高い部分，海は低い部分とされています。陸地を大陸地殻部分，海洋を大陸地殻を欠く部分と定義しても世界の海陸分布は現在と大きくは変わりません（図3）。大陸地殻でありながら，たまたま海水に覆われている大陸棚と大陸斜面が陸に編入されるだけです。これは，地球には，両地殻の境界付近が海水準となる量の海水があるというまったくの偶然によります。

岩石圏の最下層をなす上部マントルは，玄武岩質層より1割ほど重い物質（かんらん岩；$3.3g/cm^3$）からなります。

II　マントルの中で対流が起こっている

1. 地球は発熱している

地球物質を構成している元素はほとんどが安定した元素で，時間が経過しても同じ元素のままです。珪素は永久に珪素，酸素は永久に酸素です。ところが比率はごく小さいものの，原子核が'身分不相応に'重いため安定を保つことができない元素が存在します。このような元素は，原子核から微粒子や各種エネルギーを元素ごとに異なる一定の割合で放り出して減量を続けています（放射性崩壊）。減量が完了すれば，原子核が軽くなって，元とは異なる安定な元素になります。たとえば，原子

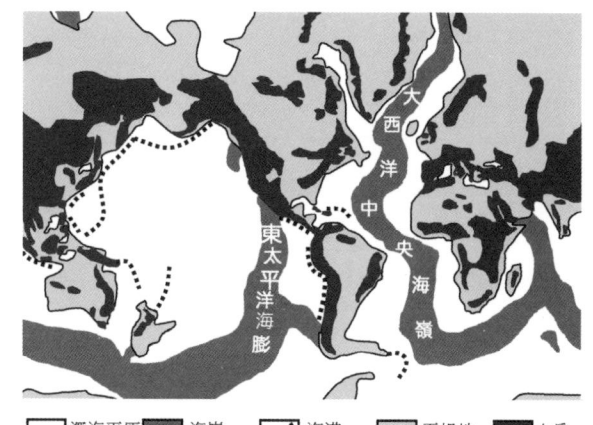

図3　地球表面の大起伏（平坦地は大陸棚を含む）

解説

炉の燃料棒に使われるウラン235という元素は，原子核からα粒子（ヘリウムの原子核）を放出して鉛207という安定な元素に変わります。放射崩壊する元素を放射性元素といいます。

岩石の中で放射性崩壊が起こればどうなるでしょう。放出された粒子は他の原子核に衝突して止まり，その運動エネルギーが熱に転換されます。急停止した自動車のタイヤが熱くなるのと同じ現象です。こうして岩石の内部ではたえず熱が発生しているのです。最も主要な熱源となっている放射性元素はウラン238です。

マントルの岩石に含まれている放射性元素の割合は微々たるものですが，厚さが約2900kmもあるマントル全体ではその総量は大変な量となり，したがって，それが出す熱も大変な量です。マントルの岩石は熱伝導率が低い（熱を伝えにくい）ため，発生した熱はマントルの中に溜まっていきます。「熱が溜まる」ということは「熱くなる」ことです。気体でも水でも岩石でも，熱くなれば膨張して軽くなります。マントルの中でも特に熱が溜まった部分は膨張してまわりより軽くなり，浮かび上がります。これは強い日射に熱せられた大地の上で上昇気流が起きるのと同じ現象です。マントルの中で，年間に数cm±という非常にゆっくりとした平均速度ながら，岩石が固体の状態で対流（固体流動）を起こすのです。対流には，物質が湧き上がってくる部分，沈んでいく部分，およびその中間の部分があります。

2. ばらばらに割れている岩石圏―プレート

先に地殻と鶏卵の殻の違いを示しましたが，実はもう1つ異なる点があります。それは，卵の殻が無傷であるのに対し，地殻を含めて岩石圏は面積も形も異なるいくつかの破片に分かれていて，一枚岩をなしていないことです。ゆで卵を食べるために殻を壊したような状態となっています。岩石圏の破片をプレートと呼びます（図4）。地球の表層は大小さまざまな不定形のプレートがびっしりと敷き詰められた状態となっています。その下でマントルが**対流**しているのですから，個々のプレートは，対流の動きに従って，互いに離れていくか，すれちがうか，ぶつかり合うことになります。このようなプレートの動きを考えることによって，全地球の動態が包括的に説明されます。

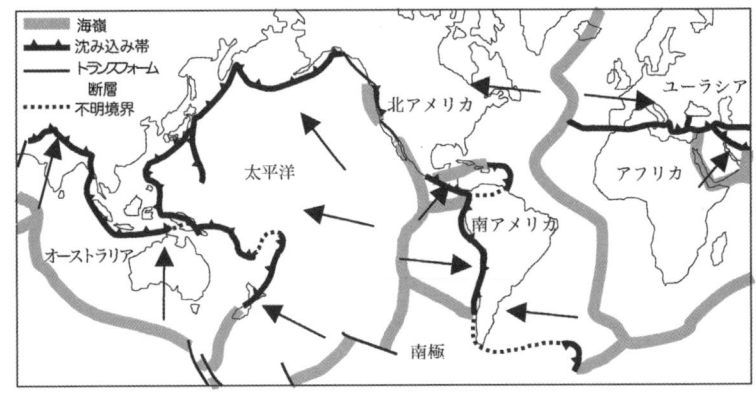

図4 プレートの分布

III プレートがつくられるところ

1. 大陸の下で対流が湧き上がってくると…

　マントル対流は流動圏上層で二手に分かれます。その上に大陸があればどういうことになるのでしょうか。図3をもう一度ご覧ください。大西洋の中ほどをウネウネと延び，アフリカの南側からインド洋を経て，太平洋の東部を北東に走って北アメリカ大陸にぶつかっている高まりがあります。これは**海嶺**（または**海膨**）と呼ばれる海底火山脈で，平均水深4000～5000mの深海平原から3000mほどそびえ立っています。同じ地図に示されているアルプス―ヒマラヤ山脈に比べて，その長さや幅がはるかに大きいことが分かります。大西洋中央の海嶺を境目として，南北アメリカ大陸とユーラシア・アフリカ大陸は年に1cm程度の速さでそれぞれ西と東に向かって互いに遠ざかりつつあります。時間を逆さにすれば互いに近寄りつつあることになります。駅から出ていく列車を撮影したフィルムを逆に回して映写すれば，列車が駅に戻ってくるように見えるのと同じことです。上記の速度から逆算すると，両大陸の間の距離は約2億年前にゼロとなります。つまり約2億年前には両大陸は'くっついていた'ことになります。このような計算やその他の証拠から約2億年前にあったと考えられる大陸は，**パンゲア大陸**（'全ての陸地'という意味）と呼ばれています。

　当時の地球には巨大なパンゲア大陸が1つ存在するだけでした。2億年前にこの大陸の下でいくつかのマントル対流の湧き上がりが始まったのです。流動変形することができない**大陸プレート**は，下で左右に分か

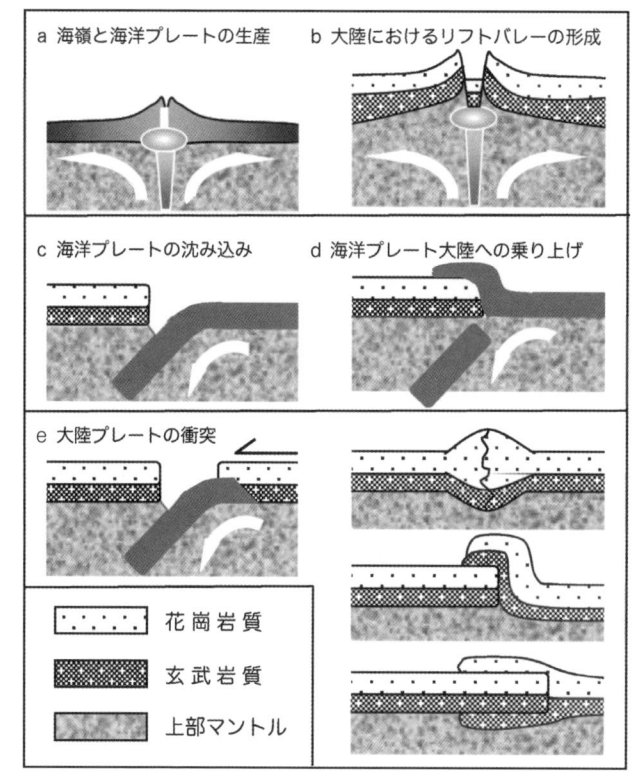

図5　プレート相互の関係

解説

れていくマントル対流に引きずられて割れてしまいます（図5b）。その裂け目には海水が入り込み，湧き上がり口では**海洋プレート**がつくられます（図5a，後述）。新しい海の誕生です。こうして大西洋は約2億年前に誕生し，それ以来成長を続けて現在の姿となっています。大西洋を生んだ**大西洋中央海嶺**，南北アメリカ大陸の東海岸線，ユーラシア・アフリカ大陸の西海岸線の形がそっくりなのはこのためです。大西洋両側の大陸はすき間なくピタリとくっつくばかりでなく，その模様（それぞれの大陸の地質構成）が割れ目を越えてつながります。床に落として割ってしまった西洋皿の破片を合わせると，絵柄が元通りにつながるのと同じことです。

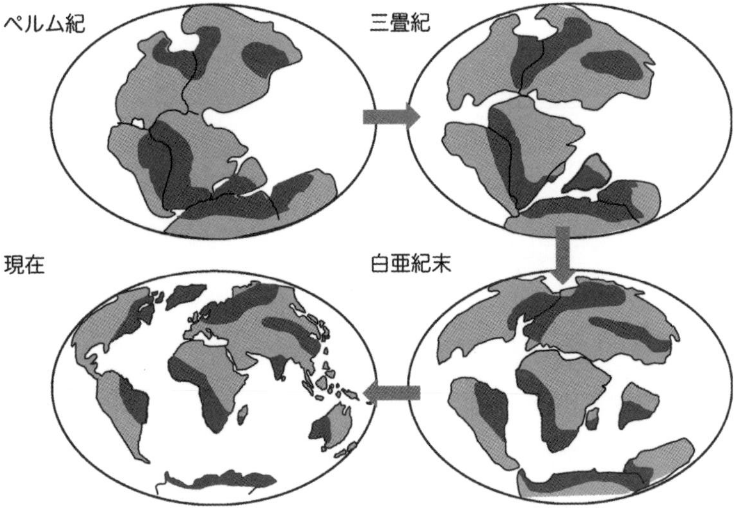

パンゲア大陸が分裂を始め，その'破片'が現在の位置まで移動する様子を図6に示します。

2. 裂けつつあるアフリカ大陸

パンゲア大陸が，北側のローラシア大陸（北アメリカ大陸とユーラシア大陸）と南側のゴンドワナ大陸（インド亜大陸を含む）に分裂して，その間にテチス海という東西に細長い海が生まれました。南アメリカ大陸は大西洋を隔てて西方に，インドはマダガスカル島を置き去りにして北東方に，離れていきました（図6参照）。こうしてアフリカ大陸が生まれました。これよりはるかに規模が小さいながら，同じような事件が現在，アフリカ大陸で進行しています。

アフリカ大陸は対流の湧き上がり口で引き裂かれつつあります（図7）。約4000万年前に始まった対流によって，アラビア半島がアデン湾‐紅海を

図6　パンゲア大陸の分裂（暗色部は先カンブリア代の岩石区）（小島〔監〕，1986を改訂）

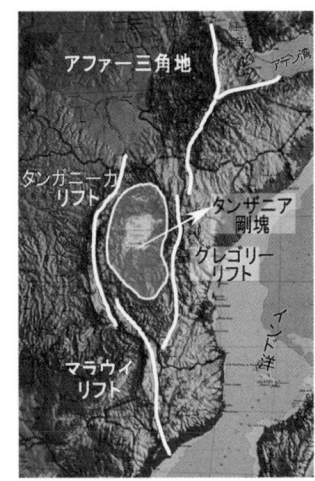

図7　東アフリカ・リフトバレー

後に残してアフリカ大陸から分裂し，アジア寄りとなりました。そのため，アラビア半島は地政学上アジアに属しています。この分裂事件がなければ，1998年サッカー，ワールドカップ予選での'ドーハの悲劇'はなかったはずです。約2000万年前には，アデン湾－紅海の境界付近からアフリカ大陸東部を南に延びる線に沿って新たにマントル対流が始まりました。アフリカ大陸は今のところ割れてはいませんが，深い裂け目が生じてちぎれかけています。裂け目は，イエメン対岸のジブチからエチオピア，ケニア，タンザニア，マラウイを通り，モザンビークのザンベジ川河口まで，延々3600kmほど延びており，**東アフリカ・リフトバレー**と呼ばれています。ケニアでリフトバレーが通っている地域はリフトバレー州と呼ばれ，行政地名に地質学用語が使われている珍しい例です。リフトバレーは大陸の裂け目なので，その底は海面よりも低い部分があって，ところどころで水を湛えてタンガニーカ湖やマラウイ湖，それより小さい細長い湖となっています。リフトバレーがビクトリア湖付近で2つに分かれているのは，この地域の地盤がアフリカ大陸でも1,2を競うほど古く堅固なためです（**タンザニア剛塊**；約30億～34億年前）。剛塊の下で東西に分かれるマントル対流は堅い剛塊を引き裂くことができず，両側の地盤を剛塊から引き離してしまったのです。マロングラッセを2つに割ろうとして引っ張ると，中の栗がコロンととれてしまうのと同じ現象です。ビクトリア湖はリフトバレーの細長い湖とちがって，この剛塊の窪みを占めている浅い湖です。もう数千万年ほど経てば，リフトの幅はもっと広くなり，そこにおそらく北側から海が入り込んで，リフトより東側の部分はアフリカ大陸本体から完全に離れてしまうはずです。数千万年後に誕生するはずの新たな大陸を'ソマリ大陸'と呼ぶことにしようと楽しみにしている地質学者もいます。タンガニーカ剛塊は現在のマダガスカル島のように，元アフリカ大陸とソマリ大陸に挟まれた大きい島となることでしょう。

地中海沿いの地域を除いて，アフリカ大陸で地殻変動が起こっているのはリフトバレーだけです。それ以外の地域は，約6億年前の**モザンビーク変動**を最後に地殻変動を終えた古い地塊とその上にほぼ水平に重なっている堆積岩層からなっています。

3. 海洋の下で対流が湧き上がってくると…

大陸が引き裂かれた跡には何が現れるのでしょうか。結論からいうとそこで海洋の岩石圏（海洋プレート）がつくられます。深部から固体のまま上昇してきた高温のマントル物質は，流動圏上層部に達すると溶融してマグマとなります。それまで固体であったのが上層部で突然融けるのは，岩石をはじめ物質は圧力が低いほど融ける温度が低くなる，という性質のためです。マントル内部では十分に圧力が高いため固体状態を保っていたマントル物質は，途中その熱をほとんど失うことなく圧力の

低い上層領域に達し，そこで融けてマグマとなります。マグマは液体であるので移動しやすく容易に上昇していき，そこで冷やされて再び固まって岩石となります。これが海洋プレートです。海洋プレートは，上から，1）海底に達して流れ出した溶岩，2）海底への通路（火道）で固まってしまった板のように薄い岩体が，書架の雑誌のようにずらりと並んでいる部分（**層状岩脈群**），3）その下にあって火道にマグマを送り込んでいたマグマ溜まりの中で固まった岩石（**集積岩**），4）せっかく上がってきていながら，融け損なったマントル物質（**かんらん岩**），の4層からできています（図8）。

生まれたばかりの海洋プレートは，その下で二手に分かれて移動している対流によって引き裂かれ，その裂け目にまたマグマが入り込んで固まります。このように大陸が引き裂かれた跡では新たな海洋プレートが次々と生産されているのです。対流の湧き上がり口では，できたばかりでまだ熱いプレートが，下からの上昇流によって押し上げられているため，盛り上がった地形すなわち海嶺がつくられます。海嶺の両側は左右に引き離された古い海洋プレートであり，冷えて収縮していくため，次第に薄く（深く）なっていきます。海嶺の両側の海洋プレートはそれぞれ別のプレートをなします。

4. 大西洋の臍―アイスランド

世界地図ではアイスランドはグリーンランドとともに北大西洋に浮かぶ島とされています。地質の面からみると，グリーンランドは北アメリカ大陸やヨーロッパ大陸と同じく大陸地殻をもつ立派な大陸です。ところがアイスランドは大西洋中央海嶺上の火山群が大きくなりすぎて，海面上に頭を出した部分であって，海洋地殻からできています。このため，図3の地図ではアイスランドは海嶺の一部とみなされ，記入されていません。アイスランドは海嶺の表層部にあたるので，先に挙げた4つの層のうち，最上部の溶岩のみが露出しています。

アイスランドは，できたてホヤホヤの文字通り'湯気が立っている'海洋プレートです。'湯気'とは温泉，間欠泉，地熱や火山の活動のことです。アイスランドは3つの地帯に分かれています（図9）。1つは中

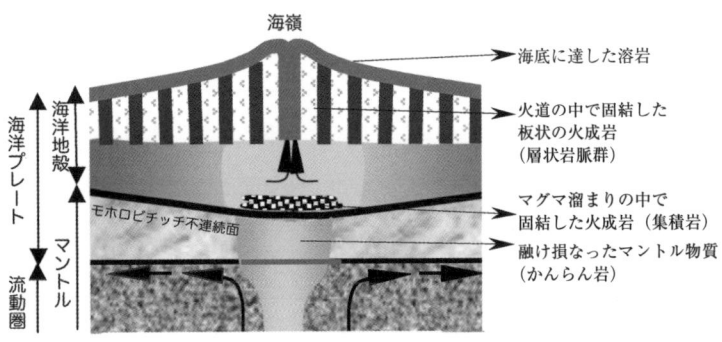

図8　海洋プレートの構成

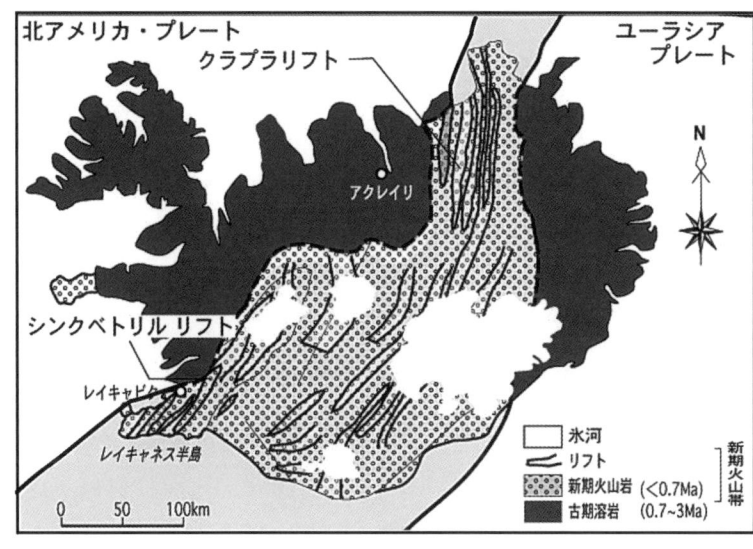

図9 アイスランド地質概略図

央の**新期火山帯**。できたばかりの海洋プレートが引き裂かれ，地表が落ち込んでいる地帯で，海嶺の中軸に相当します。火山活動はこの地帯に限られています。アイスランドではこの地帯に生じているさまざまな大きさの割れ目は'ギャオ'と呼ばれています。

他の2つは新期火山帯の東西両側を占めている部分です。いうまでもなく，新期火山帯よりも古い火山岩からできています。西側の地帯は大西洋の西半分とその先の北アメリカ大陸を含む'北アメリカ・プレート'です。東側の地帯は大西洋の東半分とその先のユーラシア大陸からなる'ユーラシア・プレート'です。ユーラシア・プレートはアイスランドから見て地球の裏側にある日本列島（正確には日本海溝）まで，地球の半分にまたがっている最大のプレートです（図10）。アイスランドを載せ

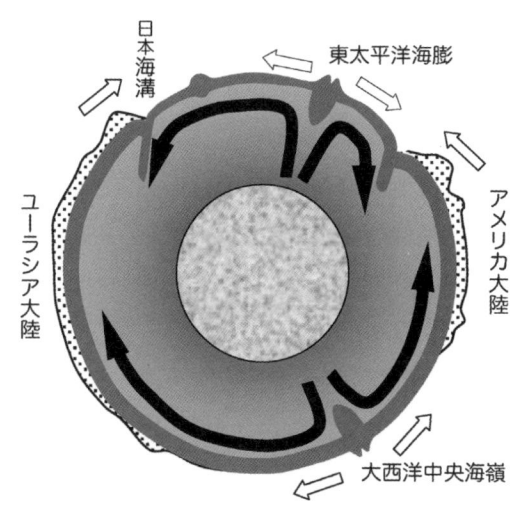

図10 太平洋と大西洋の関係

ている大西洋中央海嶺は，新たな海洋プレートをつくり出し，西側のアメリカ大陸をさらに西方に，東側のユーラシア大陸をさらに東方に押しやっているわけです。

この状態を私たちに馴染みの深い太平洋からみると次のようになります。北アメリカ大陸は大西洋中央海嶺から西に向かって，つまり太平洋に向かっています。ユーラシア大陸は大西洋中央海嶺から東に，反対側から太平洋に向かっています。というわけで太平洋は2つの巨大な大陸に攻め寄られていることになります。太平洋自身も**東太平洋海膨**でどんどん海洋プレートをつくっているのですが，せっかくつくった海洋プレ

解説

ートはたがいに近寄りつつある両側の大陸プレートの下にもぐり込んでしまい，結果として太平洋は広がるどころか縮まっているのです。太平洋プレートは，生まれてから約1.8億年で太平洋西縁の海溝に達します。つまり，太平洋の海底は1.8億年で'総入れ替え'されるのです。地球の歴史46億年を1年にたとえれば，1.8億年はわずか半月たらずの'短さ'です。

IV プレートがぶつかるところ

1. マントル対流が沈み込むところ

地球の表面積は一定なので，海嶺でつくられた海洋プレートはどこかで地表から姿を消しているはずです。海嶺から水平移動している間に熱を失って冷たくなった海洋プレートは，大陸プレートに行き当たると，全体として軽い大陸プレートの下に沈み込み，マントル内に回収されます（図5c，図11）。それまでほぼ平坦であった海洋プレートは沈み込み口で下に向かって折れ曲がります。大陸プレートも海洋プレートによって下に引きずり込まれます。こうして**海溝**という地球表面上で最も深い凹地が形成されます。

太平洋プレートの沈み込みが引き起こしている現象には，私たちにご

く身近なものが2つあります。1つは地震，もう1つは火山活動です。海洋プレートが下りエスカレーターのようにスムーズに大陸プレートの下に沈み込んでいけば地震は起こりません。堅固なプレート同士がすれちがっているのですから，大きい摩擦のため沈み込みはすんなりとは進みません。すれちがおうとする力（剪断力）が摩擦抵抗を超えた時と部分でのみ瞬間的にずれが起こります。その衝撃が地表に伝わって地震（**海溝型地震**）を起こすのです（図11）。

以前にずれて（地震が発生して）以来，もう十分に剪断力が溜まっているはずであるのにまだずれていない（地震が発生していない）ので，

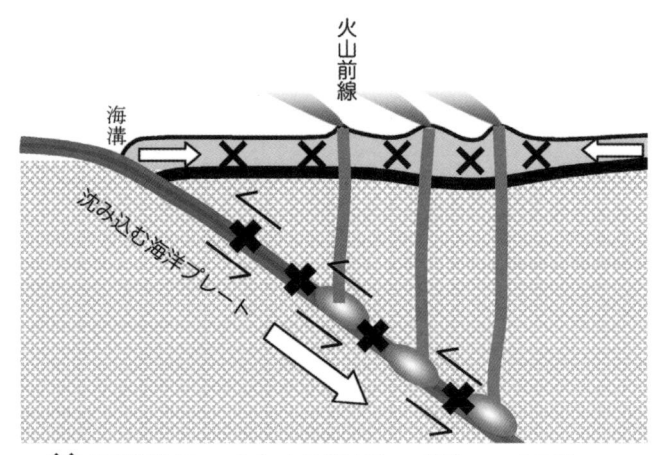

図11 プレート沈み込みに伴う地震と火山活動

まもなく地震が起きるだろうと警戒されているのが，'東海地震' や '南海道地震' 想定域など，いわゆる地震の空白域です。この型の地震は沈み込んでいくプレートとその上のプレートの境界に沿って発生します。したがって，震源は沈み込み口である海溝から大陸側に向かって傾斜した面（和達−ベニオフ帯）の

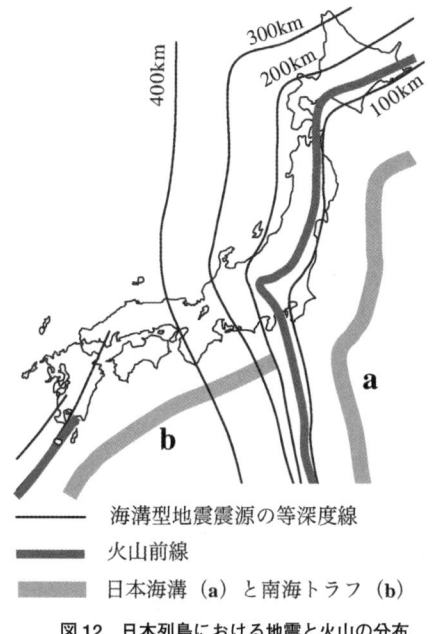

海溝型地震震源の等深度線
火山前線
日本海溝（a）と南海トラフ（b）

図12　日本列島における地震と火山の分布

上に分布し，震源の深さも同じく系統的に深くなっています（図12）。

　日本列島は東側から沈み込んでいる太平洋プレートによって圧迫されています。西側には巨大なアジア大陸がデンと腰をすえています。両者に挟まれた列島はたえず東西方向の圧力を受けています。この圧力に耐えきれず局地的な破断が起きると地震が発生します。これが**内陸型地震**です（図11）。海溝型地震とちがって，いつ，どこで発生するかを予測することが難しく，しかも地下浅いところで発生するのでマグニチュードの割には震度が大きく，甚大な被害をもたらしかねません。

　火山も海洋プレートの沈み込みがもたらす現象です。沈み込んでいく海洋プレートは水をたっぷりと含んでいます。水を含む物質は含まない物質よりかなり低い温度で溶融します。地下深いところほど地温は高くなるうえ，地下ですれちがうプレートの間で摩擦熱も発生します。こうしてプレート境界に発生したマグマが上昇して地表に火山活動をもたらします。水を含んでいて融けやすいとはいっても，マグマが発生するほど地温や摩擦熱が高くなるのは，プレートがかなりの深さまで沈み込んでからです。このため，火山列島といわれる日本列島でも，海溝からある距離の間では火山は皆無です（図12）。海溝側から見て初めて火山が現れる点を連ねた線（**火山前線**）は東北地方ではちょうど東北本線と一致していて，東側の北上山地には火山がなく，西側では数多くの火山が優美な姿や荒々しい姿を競っています。

　以上のような目に見えるかたちとは別に，海洋プレートの沈み込みはそれよりはるかに大きい現象をもたらしています。

　日本列島は実は沈み込んだ海洋プレートの置き土産なのです。海洋プレートはそれ自身だけが沈み込んでいくわけではありません。海洋プレートが海嶺で生まれてから海溝に達するまでに，さまざまな**遠洋堆積物**が積もっています。海溝では大陸からの土砂（**乱泥流堆積物─タービダイト**）がその上に重なります。このプレート上の 'ほこり' ないし 'ご

解説

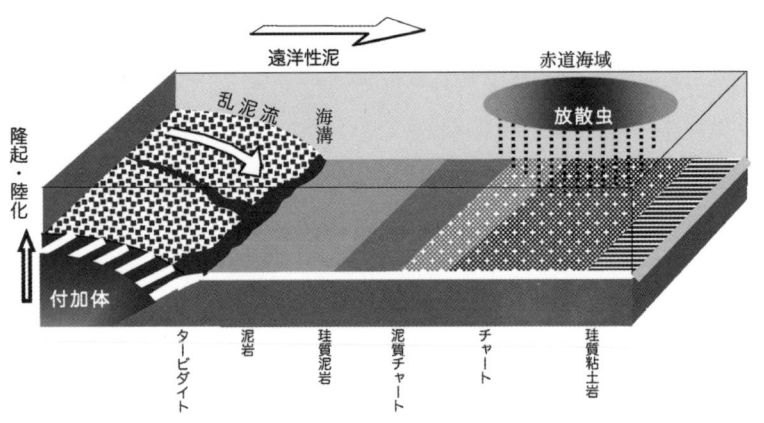

図13　陸源物質と遠洋堆積物の付加作用

み'が沈み込み口で剥ぎとられて，海溝の陸側斜面に付着していきます（図13）。下りエスカレーターの上にばらまいたゴミが降り口に集積していくようなものです。陸側にへばりついた堆積物の下に後から続く海洋プレートが堆積物を次々と付け加えていきます（**付加作用**）。トランプのカードを次々と下に挿入していくように堆積物が付加していくと，先に付加した堆積物（**付加体**）はだんだんとせり上がり，やがて海面上に現れて陸地となります。これが日本列島です。日本列島は約2000万年前まではアジア大陸の東縁にあって海洋プレートの沈み込みを受けて成長していました。これが1500万年前ころまでに日本海を後に残して大陸から分離しました。このため，日本列島は大陸基盤岩の一部とその外側（太平洋側）に付加した堆積物からできており，日本海側から太平

洋側に向かってより若い付加体が列島の延びる方向に平行に配列しています（12ページの日本列島地質概略図参照）。

2. 大陸プレート同士が衝突するところ

　マントル対流によって引き裂かれた大陸塊は，海嶺から遠ざかっていきます。大陸塊の前方にある海洋プレートがさらにその先の海溝で沈み込んでいくと，沈み込みを受け入れていた大陸と裂かれた大陸が会合します。今度は両方とも同じ重さなので，一方がもう一方の下に沈み込むことはなく，2つの大陸プレートがまともにぶつかり合います（図5e）。2億年ほど前にアフリカ大陸から分離してはるばる北方に移動していったインド亜大陸は，つい最近（5000万年前ころ）アジア大陸とぶつかり，その間のテチス海にあった堆積物を押し上げて巨大なヒマラヤ山脈をつくりました。ヒマラヤ山脈のてっぺんから浅い海に棲む動物の化石が多数見つかっているのはこのためです。さらに両大陸プレートがたがいに譲らないため，厚さ70kmという今日の地球で最も厚いチベット高原の大陸地殻が生まれました。アフリカ大陸も北上を続けて，その前面のテチス海を押し縮め，アルプス山脈を育てました。アラル海，カスピ海，黒海は陸塊に閉じ込められたテチス海の名残りです。アフリカ大陸はやがてわずかに残っている地中海を押しつぶしてヨーロッパ大陸に衝突することでしょう。

3. 地中海に押し出されているトルコ

　後に述べるように，パンゲア大陸は'つぎはぎ'の大陸です。トルコが立地するアナトリア半島は，ごく小さい地質区がごちゃまぜに合体してできていて典型的な'つぎはぎ'プレートです。パンゲア大陸分裂に際して生まれたテチス海には，大陸のごく小さい破片がいくつも取り残されました。やがて，アラビア半島とアフリカ大陸が北上を始めます。テチス海に散らばる大陸地殻の微小破片，その周辺の浅海で栄えたサンゴ礁（**石灰岩**），海底や陸上に堆積した堆積岩，沈み込むプレートによって地下深部に引きずり込まれた堆積物から生じた変成岩や火成岩，さらには沈み込み損なって陸に乗り上げた海洋プレート（オフィオライト）が合体・癒着して，トルコ・プレートという独立した堅固な大陸プレートをつくっています。パンゲア大陸やその後身の各大陸が大小のハンカチの'つぎはぎ'とすれば，トルコ・プレートはリボンの'つぎはぎ'みたいなものです。

　さて，アフリカ大陸から分裂したアラビア半島はマントル対流に乗って今も北上しており，トルコ・プレートの東部を挟んで北側に立ちはだかるユーラシア大陸とぶつかり合っています。トルコ・プレートが軟らかければぐにゃりと押し潰されてしまうところですが，'つぎはぎ'とはいえ堅固なのでそうはいきません。潰されるかわりに西方のエーゲ海に向かって押し出されつつあるのです。トルコの大地の大部分が北縁部

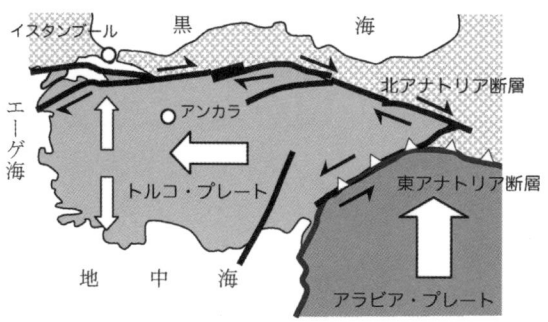

図14　トルコに衝突しているアラビア

と東部を後にして，加盟を切望しているヨーロッパ連合の地に向かって動いているのです。動いている部分と留まっている部分の境目は，両側の地盤がほぼ水平にずれる横ずれ断層です（図14）。北側の断層は**北アナトリア断層**，南側は**東アナトリア断層**と呼ばれています。この断層も，大陸プレートの下に沈み込む海洋プレートと同様すんなりとずれません。十分にエネルギーが溜まった時と部分で，突然ずれて地震を起こします。この地震は震源が地表にあるので，建築物がお粗末なことともあいまって，マグニチュードの割には大きい災害をもたらします。それに対して，アナトリア主部は両側の断層に挟まれて全体として西方に動いていて，内部ではほとんど変動がありません。そのため，もろい岩石からできているカッパドキアの奇岩や地下都市が未だに健在です。

　西方に押し出されたアナトリア主部は，圧迫から解放されて南北に膨

解説

らむ傾向を示しています。これにより生じた東西方向の**正断層**（傾斜している断層面の上側の地塊が相対的に降下している断層。その逆のものは**逆断層**）に沿って落ち込んだ凹地，取り残された丘陵が交互にしており，この起伏が沈水したエーゲ海岸は，湾・入り江・岬に富んでいます。

4. 変転極まりない海と陸の配置

パンゲア大陸は地球創生の時にできた大陸ではありません。それどころか，存在していたのは 2 億年前に分裂を始めるまでのわずか 4000 万年間だけです。

地球が生まれ，固体地球内部の分化が完成してからは，マントル対流によってプレートは離合集散をくりかえしました。その過程で，陸から海に運ばれた堆積物は海洋プレートの沈み込みによって大陸に付加したり，深部に引きずり込まれて変成作用を受けたり，あるいは溶融して火成岩に変身しました。これらが 2 億 4000 万年前に集合・合体して生じたのがパンゲア大陸です。したがって，パンゲア大陸は均質ではなく，生成の年代・環境，また種類もさまざまな岩石（**地質区**）が寄り集まった'つぎはぎ'の大陸なのです。それが分裂して生まれた現在の大陸も，したがって'つぎはぎ'の大陸です。パンゲア大陸の'破片'がほぼ現在の位置に落ち着いてからも付加作用は続いており，また大小の変動がプレートの境界やその近辺を中心に進行しています。

このような地球表層部の構造に改変をもたらす運動を**地殻変動**と総称します。具体的には，褶曲・断層をつくる作用，変成作用，マグマによる火成作用などがあります。

V 大地の造型

1. 大地に取り組む彫刻家

大気に接する陸地には細かい彫刻が間断なく施されています。彫刻家は重力とその助手を務める太陽熱で，直接・間接に陸地表面にさまざま

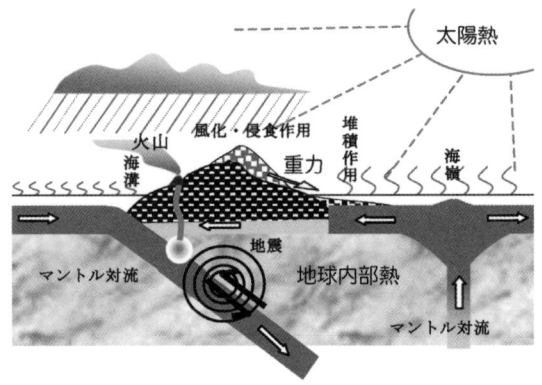

図 15　地球表層部で働いている作用（各部分の大きさなどは現実通りではない）

なレリーフ（地形）を刻んでいます（図15）。

まず，助手の太陽熱の役割を紹介しましょう。太陽熱によって日中に暖められて膨張した岩石は夜間に冷えて収縮します。岩石を構成している鉱物は種類によっても向きによっても膨張率が異なるため，地表の岩石は毎日毎日ぎくしゃくと膨張・収縮をくりかえしています。このため，岩石の'たが'（結合力）が次第に弱められていきます。やがて，亀裂が生じると，二酸化炭素を含む雨水や地下水が入り込み，凍結・膨張して岩石の結合をさらに弱めます（**物理的風化**）。この水が鉱物と化学反応します（**化学的風化**）。太陽熱が育てる植物の根も岩石の分解に一役買っています。こうして岩石はついにはばらばらに分解してしまいます（**風化作用**）。このようにして助手は親方が腕を振るう準備をまず整えます。それだけではありません。親方が使う道具の手配までします。すなわち，岩石・鉱物の破片，元の鉱物が化学的に風化（加水分解，溶解）して生じた**粘土鉱物**などの**砕屑物**や溶解物を，低い方へ運ぶシステム（**運搬作用・侵食作用**）の構築です。このシステムには，氷河・河川・風が組み込まれています。

太陽熱に暖められ海から蒸発した水蒸気は上空で冷やされて小さい水滴や氷粒となります。これらは上昇気流によって上空に浮かんでいます。これが雲です。そのうちに，互いにくっつき合って大きくなった粒は上昇気流に逆らって（重力に従って）雨や雪として落ちてきます。氷河や河川水のかたちで陸上に存在する水（**陸水**）は太陽熱が海洋から汲み上げた水なのです。地表では氷河も河川水も重力に従って低い方へ，究極的には，海に戻っていきます。2つとも手ぶらで途中なにもせずに戻っていくわけではありません。砕屑物と溶解物を運ぶだけではなく，通路の岩石を削り取りながら下っていきます。地下水となった水はそれほど華々しい活躍はしませんが，それでも岩石を溶かしながらゆっくりと移動し，いずれ川や海に浸み出します。

風も太陽熱が起こします。暖まった大気は軽くなって上昇し，その跡に冷たく重い大気が入り込んできます。マントル対流よりもはるかに動きの速い大気の対流です。この対流（風）は地球規模のものからごく局地的な小さいものまであります。海流もまったく同じ原理で起こっている海洋水の循環の現れです。

2. 大地彫刻の技法

大地彫刻の技法をもう少し詳しくみることにしましょう。

重力：重力は主に助手に手伝ってもらって作業しますが，独自にも働いています。砕屑物は重力によって低い方へ移動します。崖からパラパラと落ちてくる砂粒，交通標識で警告されている落石から，崖崩れ，山崩れ，土石流，集落全体を呑み込むほどの**火砕流**（火山噴火物が斜面を高速度でなだれ下る現象）や**地**すべりまで，いずれも重力のみによる作

解説

用です。親方が直接手を下すのはこの作業だけです。

氷河：現在は高緯度地域と高山でのみ見られます。氷期には日本の山岳でも氷河が発達しました。氷河は，夏でも気温が0℃前後以下の寒冷地で，雪が融けることなく蓄積し，やがて圧縮されて氷の結晶と化したものです。氷の塊ですから重力に従って動くといってもごくゆっくりです。そのかわり侵食する力は抜群です。河川が刻んだ谷に入り込んだ**谷氷河**は，落ちてきた岩塊を載せ，氷河床と岸の岩石を削り取って両側が切り立った**U字谷**をうがちながら下っていきます。途中で融け去ってしまえば，大量の岩屑（**堆石**）をその場に残し，**融氷河水**の川にバトンタッチします。氷河が海まで行き着いたり，氷期の後の海面上昇によってU字谷が沈水すればフィヨルドとなります。広い地域全体を覆う大陸氷河は，木材をカンナで荒削りするように，大地の凹凸を削り取ります。

河川：氷河は強力な運搬・侵食力を発揮しますが，どこにでもあるわけではありません。その点，河川は極端な寒冷・乾燥地帯を除けば，世界中で流れています。流速も氷河とは比べものになりません。というわけで最も働き者の助手といえます。圧倒的に大部分の川が，運んでいる砕屑物や溶解物を海に搬入します。川は，水量・流速・流域の地質に応じて，実にさまざまな地形をつくります。川が出口のない湖に入り込むと，湖水が蒸発するにつれて溶解物が飽和，結晶化して，**塩湖**ができます。地下水も岩石を溶かして洞窟などの独特の地形をつくります。

風：風はかならずしも高地から低地に吹くわけでも，川道のような限られた通路を通るわけでも，それほど粗い砕屑物を動かすわけでもありません。それでもかなりの量の細かい物質を運搬します。春先に中国大陸から風にのってやってくる黄砂によって，太陽がかすんだり紅くなる現象はお馴染みのものです。風の強い日に目に砂が入ったり，脚に砂粒が痛いほどの勢いで当たった経験は誰でもお持ちでしょう。風が粒子を運んでいるなによりの証拠です。風は砕屑粒を運ぶだけではなく，その粒子を研磨剤として地表を削ります。

3. 'さざれ石の巌となりて…'

陸上で風化・侵食作用によって生まれた物質は，結局ほとんどすべてが海に運ばれ，海を埋めたてています。河口付近に溜まる場合も，そこから沿岸を洗う海流によって大陸棚全域にばらまかれる場合も，あるいは吹きだまりのように蓄積した後に海底地すべりを起こして一気に深海に達する場合もあります（**乱泥流**）。海洋水中に搬入された溶解物は，プランクトンやサンゴの殻として大量に消費され，これらが厚い地層や巨大な石灰岩塊として海洋底を覆います。このように太陽熱と重力は共同して，'地表の高きを削り低きを埋めて'地球表面の起伏を小さくする方向に働いています。

その一方で，これとは逆の作用，すなわち地球内部熱によるマントル対流がその上のプレートを動かし，山を盛り上げ，海溝を沈ませて，起伏を大きくする方向に働いているのです。

　海に運ばれた砕屑物は，マントル対流の沈み込み口である海溝で陸側の地下に引きずり込まれ，高い圧力を受けて堅固な岩石に変わります。海溝での付加が進むにつれて，先に付加した岩石はせり上がって陸となり，峨々たる山容をつくります。

　最後に書かずもがなのことを書いて，解説を終えます。冒頭の見出しはいうまでもなく日本の国歌の一節です。この歌詞を科学的でないという言いがかりをつけて拒否する向きがあります。

　陸上で岩石が風化作用によって分解してできた砕屑物（さざれ石；小石）は，厚い地層のかたちで海底から姿を現し，山岳の巌（大きい岩塊）となります。この過程は最短でも数千万年かかります。まさに'千代に八千代に'わたっているのです。

　ヨーロッパ連合の1主要国の，大量殺戮を煽動している国歌に比べれば，いかにも悠久，平和で，いささかこじつけの感は免れませんが'地質学的'ではありませんか。

スケッチ

1 グレゴリー・リフト*を限る断層崖 1

ナイロビからの幹線道路をだらだらと登ってリフトバレー*の東縁に達すると、豁然と視界が広がり、足下の大地が左右見渡す限り直線的に絶たれてはるか下に落ち込んでいる。落差数十〜数百 m の断層崖が幾重にも並走して、地表面が階段状に下がっていき、中軸部では 2000m ほど落ち込んでいる。約 70km 向こう側（西側）にあってリフトの西縁をなす断層崖はここからは見えない。〔ケニア、ナイロビ北西方にて南方を望む；1979 年夏〕

I 裂けていく大陸——アフリカ大陸
a 東アフリカ大地溝帯

2 グレゴリー・リフト*を限る断層崖2

比高約600mの断層崖の上部5分の1を，リフトバレー*形成の先駆けとして地表に流れ出た溶岩が占めている。その下は東アフリカの基盤をなすモザンビーク変成岩*。〔ケニア，ナイロビ北北西方；1975年夏〕

3　雁行するリフトの断層崖

断層崖が一続きではなく，途切れて互いに少しずつずれて，地図で見ると『ミ』の字のように配列している。これはリフトバレー*東側の大陸塊がリフトに垂直な方向ではなく，やや左（北）にずれながら移動していることを物語っている（123参照）。〔ケニア，ナイロビ北西方；1977年夏〕

4 マラウイ・リフト*の西側を限る断層崖

断層崖には，基盤のモザンビーク変成岩*とそれを水平に覆う中・古生代の堆積岩（カルー層：214 参照）が露出している。高さ 900 m の断崖を下る道路は劣悪で，数回の切り返しが必要なヘアピンカーブを 21 も抱え，下り切るのに小 1 時間かかる。南緯 10°，湖面海抜高度 450 m のリフト底は炎熱の世界であるが，リフトの上は涼しく，夜間は日本の晩秋から初冬のような冷気に包まれる。〔マラウイ，リビングストニア北東方のマラウイ湖畔ライオン・ポイントより；1975 年夏〕

Ⅰ 裂けていく大陸——アフリカ大陸
　a　東アフリカ大地溝帯

5 マラウイ・リフト*の東側を限るリビングストーン山脈

マラウイ湖はタンザニアとの国境をなしていて,リビングストーン山脈はタンザニア領。マラウイ・リフトは地形的には単純で,グレゴリー・リフト*のように階段状をなさず,両側をそれぞれ1つの大断層で限られている。小舟の主が数時間かけて獲った魚をわずかな額で買い取ったが,骨っぽくて食べられたものではなかった。〔マラウイ,リビングストニア北東方より東方を望む;1975年夏〕

I　裂けていく大陸——アフリカ大陸

a　東アフリカ大地溝帯

6　東アフリカ・リフトバレー*の南端：チョロ・リフト*

東アフリカ・リフトバレーはマラウイ湖よりさらに600km南方に延びてインド洋に達する。マラウイ湖から発するシレ川がこの部分を南流している。シレ川では水力発電が行われているが，当時マラウイはなまじ食糧自給ができたため，外貨を準備する必要がなく，したがって送電線を購入できないので，電力の大部分を南アフリカに売っているとのことであった。〔マラウイ，チロモ北方；1975年夏〕

7　チョロ・リフト*を流れるシレ川

故障したフェリーの修理を待つ。人々は復旧までの時間をたずねるでもなく黙々とひたすら待つ。ときおり水草の叢が滔々たる流れにのって目の前を横切っていく。悠久の時間が流れる。〔マラウイ，マンゴチ東方；1975 年夏〕

8 妍を競うリフトの火山 1：ロンゴノット火山

グレゴリー・リフト*にアクセントを添える大小無数の独立火山のうち最大級の火山（標高 2776 m）。マグマが，マントル*から割れ目（断層）を通って直接地表に流れ出るのではなく，大陸地殻*を貫いて上昇する途中で地殻の岩石を溶かし込んで流動性が小さくなるため，火口を中心とする円錐形の火山がつくられる。〔ケニア，ナロク道路より；1975 年夏〕

I 裂けていく大陸――アフリカ大陸

a 東アフリカ大地溝帯

9 妍を競うリフトの火山2：ススワ山

これもグレゴリー・リフト*内で最大級の火山（標高 2357m）。〔ケニア，ナロク道路より；1975 年夏〕

I 裂けていく大陸——アフリカ大陸

a 東アフリカ大地溝帯

10 妍を競うリフトの火山 3：メネンガイ山の火口

直径 10km の火口（カルデラ）が溶岩流で埋め尽くされている。大陸火山の溶岩がこれほど流動的であることは，マグマが大陸地殻*の岩石とほとんど混じり合うことなくマントル*から上昇してきたことを物語っている（標高 2278m）。〔ケニア，ナクル北方；1977 年夏〕

11 引き裂かれている火山

現在も続いているリフト拡大の動きによって引き裂かれ，寸断されている生まれたばかりの小火山。エルメンテイタ湖越しに西方より望む。〔ケニア，ギルギル―ナクル間；1975年夏〕

I 裂けていく大陸——アフリカ大陸

a 東アフリカ大地溝帯

12 キリマンジャロ

大気がごく澄んでいる時には，120km 南方，タンザニアのケニア国境に聳えるアフリカ大陸最高峰キリマンジャロ（標高 5895m）を望むことができる。〔ケニア，エマリより；1979 年夏〕

13 キリマンジャロ山頂

量は例年よりかなり少ないとのことであったが，'キリマンジャロの雪'に感動する。撮影当時に地球温暖化は懸念されていなかった。雪は現在も健在であろうか。〔マラウイ航空の機上より；1977年夏〕

14　リフトを彩る湖 1：エルメンテイタ湖

その名がいかにも愛らしく優しい。北方のナクル湖には遠く及ばないが，湖岸にフラミンゴが群れていることがある。〔ケニア，ナクル南方；1977 年夏〕

Ⅰ　裂けていく大陸——アフリカ大陸
　a　東アフリカ大地溝帯

15 リフトを彩る湖 2：マガディ湖

南緯 2°で湖面高度 508m という灼熱の地にあるため，蒸発が激しく塩湖*となっている。特殊な珪酸塩鉱物マガディアイトを産する。塩類は肥料の原料として，東方のコンザから湖岸まで延びている鉄道によって搬出されている。〔ケニア，マガディ；1977 年夏〕

Ⅰ 裂けていく大陸——アフリカ大陸

a 東アフリカ大地溝帯

16 リフトを彩る湖 3：ナイバシャ湖

リフトバレー*の湖は大きさにかかわらず，南北に細長くリフトと平行して延びているのに，この湖だけは丸っこい。景観も単調で特筆すべきものはない。〔ケニア，ナイバシャ；1977 年夏〕

17 マラウイ湖の朝

左手の山はリフトバレー*の底で湖に突き出しているライオン・ポイント丘陵，背後の山並みはマラウイ・リフト*の東を限るタンザニアのリビングストーン山脈。未明に降った小雨が大気中の塵を洗い流した朝。〔マラウイ，リビングストニア；1975年夏〕

I　裂けていく大陸——アフリカ大陸

a　東アフリカ大地溝帯

18　マラウイ湖畔 1

グレゴリー・リフト*では，外側の斜面がリフトと反対方向に面しているため，流入する川はほとんどないが，マラウイ・リフト*では中小の河川が湖に流入している。〔マラウイ，カタ・ベイ南方；1975年夏〕

19 マラウイ湖畔 2

湖上から断層崖の形態を調べるのに船を借りようと，役場を訪れた。漁労か運搬か，あるいは野良仕事に赴くためか，手漕ぎの舟が一斉に出ていく。役場の担当官は我々の求めに快く応じて，画面手前のエンジンボートを乗組員ごと貸してくれた（もちろん有償）。
〔マラウイ，カタ・ベイ；1975 年夏〕

20 マラウイ湖畔 3

船上から断層崖の観察を続けてカタ・ベイ北方約 40km のこの地に着いた。ここで湖岸に平地が開けていて断層崖は見えなくなったので，引き返すことにしてその前に一休み。上陸したまま戻ってこない乗組員が吹聴したのであろう，到着時には無人であった浜にやがて大勢の村人が集まってきた。カタ・ベイまで便乗するつもりらしく，大きい荷物を携えている人も多い。1 時間後にやっと戻ってきた乗組員を叱責し，浜の人々を無視して帰途についた。〔マラウイ，ヴェデカ；1975 年夏〕

I 裂けていく大陸——アフリカ大陸
a 東アフリカ大地溝帯

21　マラウイ湖畔 4

リビングストニア南東方 15km の村。〔マラウイ，チヴェタ；1975 年夏〕

22 マラウイ湖畔 5

マラウイ湖の南端を二股に分けているマックレー半島の集落。集落全体が息をひそめているかのように静まりかえっている。1人の婦人が前を通り過ぎた後は，また白昼の静寂が戻った。〔マラウイ，モンキー・ベイ；1975年夏〕

I　裂けていく大陸——アフリカ大陸

a　東アフリカ大地溝帯

23 マロンベ湖

マラウイ湖南端から流れ出るシレ川がチョロ・リフト*の低地につくっている遊水池。〔マラウイ，マンゴチ南方；1975年夏〕

I 裂けていく大陸——アフリカ大陸

a 東アフリカ大地溝帯

24 温泉が湧出

マラウイ湖に注ぐ小川の岸辺で温かい水が湧出している。さして高温ではなく匂いもない。土地の人がこの湧泉に気づいていないはずはないのに，利用している形跡はまったくない。通りかかった婦人は，湧泉に興味を示している我々に警戒も不審の気配も示さなかった。〔マラウイ，チヴェタ；1975年夏〕

25 インド洋に浮かぶ微小大陸―セイシェル，マヘ島

ポールには我々の便，英国海外航空の旗が掲げられていたが，絵では，この年に英国から独立したのをお祝いして国旗に差し替えた。空港ビル背後に聳える花崗岩の山が，この島が微小大陸であることを物語っている。当時，成田空港はなく，羽田からの南回りロンドン行きは，香港，コロンボ（ベトナム戦争後はインドシナ半島を横断してバンコク），セイシェル，ダルエスサラームに寄り，延々20時間かけてナイロビに到着した。〔セイシェル空港；1975年夏〕

I 裂けていく大陸——アフリカ大陸

b 大地溝帯の外側

26 ビクトリア湖

ビクトリア湖は，平坦な地塊（タンザニア剛塊*）の凹部を満たしている湖で，細長く深いリフトバレー*の湖とちがって丸く浅い。世界地図にも表される面積をもちながら，深さは最大で80mにすぎない。この地塊は極めて堅固であるため，リフトバレーはこれを迂回して東西両側に分かれている。湖岸に露出している岩石は，約30億年前に水中でマグマが固まってできた枕状溶岩。
〔ケニア，ボンド；1979年夏〕

27 ビクトリア湖遠望

ビクトリア湖本体から東方に湾入しているウィナム湾。〔ケニア,ケリチョウより西方を望む；1979年夏〕

I 裂けていく大陸——アフリカ大陸

b 大地溝帯の外側

28 動物の大移動

草食動物の大群が，植物を求めてタンザニアのセレンゲティからケニアのマサイマラ動物保護区まで乾季のサバンナを移動してくる。ほぼ種類ごとにグループをつくっている。肉食動物がこれを追って後に続いているはずである。〔ケニア，マサイマラ動物保護区；1979年夏〕

29 雨季末期

雨季明けを見計らって日本を出発するのであるが，季節は暦通りには進まない。名残りの雨とお付き合いすることもある。雨で痛めつけられた田舎道の修復は，雨季が完全に終わったのを見定めてから始まるため，しばらくの間，かなり危険な走行や大きい遠回り，はては調査断念を強いられる。〔ケニア，ナロク東方；1979年夏〕

I 裂けていく大陸——アフリカ大陸

b 大地溝帯の外側

30 マラウイ／ザンビア国境

約10億年前のルンピ花崗岩の標本採取を口実に，マラウイとザンビアの国境をなす山道を歩くため，このニイカ高原を訪れた。登るにつれ，低地の枯れきった樹木にかわって紅葉が現れ，標高2000mを超える高原では霧によって緑が維持されている。〔マラウイ，ルンピ西方；1975年夏〕

31 マラウイ／モザンビーク国境

道路左脇の浅い溝が国境。道路はマラウイ側を走っているので，車両は旧宗主国イギリスと同じく左側通行。住民は自由に往来しているが，道路の両側で言葉も通貨も異なる。マラウイの人は2年前に独立を果たしたモザンビークを，なお「ポルトギース（ポルトガル領）」と呼んでいた。〔マラウイ，ヌチェウ―デッザ間；1977年夏〕

I 裂けていく大陸——アフリカ大陸

b 大地溝帯の外側

32 花崗岩ドーム——ムボニ丘

厚い堆積岩層が，深部から上昇してきた花崗岩によって押し上げられ，ドーム状の地質構造ができた。約6億年前のモザンビーク変成作用*によって，堆積岩も花崗岩も変成して片麻岩となった。その後に続く長い侵食の結果，現在では，花崗岩起源の片麻岩が丸い核をなし，緩やかな丘陵をつくっている。堆積岩起源の片麻岩がそれを取り巻いて分布している。

マチャコスの町を拠点として，毎日数十kmほどドライブ，その後は徒歩で調査した。日干しレンガ造りの校舎，時鐘は自動車車輪のドラム，くずれ落ちそうな教室の壁に描かれた日本がない世界地図。しかし子供達はみな生き生きしていた。調査中にしばしば群がってくる彼らとの日ケニ親善交歓にかなりの時間を割いた。住民はおだやかなカンバ族。素朴で人がよい。ただ，老人はこの地方でのみ通用するカンバ語を話し，英語はおろかケニア公用語のスワヒリ語も通じないのには閉口した。

高いところほど霧が多いので農作物の育ちがよく収入もよい。そのため麓から頂部に向かって貧富の階層がみごとに形成されている。麓の娘さんは粗末な衣服で裸足，身体中に蠅がたかっている。丘の上に住むお嬢さんはハイソックス着用の小綺麗な身なりで，カセットラジオを自慢げに携えて闊歩していた。〔ケニア，マチャコス地方；1975年夏〕

33 ムボニ丘頂上

上を覆っていた堆積岩起源の片麻岩は削剥されて，それより風化に対する抵抗性の強い花崗岩起源の片麻岩がドームの核をなして露出している。〔ケニア，マチャコス地方；1975年夏〕

34 ムボニの里

遠景の白っぽい部分は花崗岩起源片麻岩の表土。堆積岩起源の片麻岩は風化すると濃い赤色の土壌（ラテライト）となる。このため岩石が地表に露出していなくても，表土によって両者を区別することができる。大きいマンゴの木陰が格好の休息の場となるが，涼しすぎるため，うたた寝すると風邪を引く。〔ケニア，マチャコス地方；1975年夏〕

Ⅰ　裂けていく大陸——アフリカ大陸

b　大地溝帯の外側

35 ムボニ丘斜面の耕作

かなり急勾配の斜面が丹念に開墾されている。片麻岩となる前の堆積岩は，砂岩や泥岩に加えて，鉄・マグネシウムに富む火山岩を含んでいるため，土壌は肥沃である。〔ケニア，マチャコス地方；1975年夏〕

I 裂けていく大陸——アフリカ大陸

b 大地溝帯の外側

36 熱帯で冬枯れ？1

モザンビーク変成岩*が侵食されて生じた平坦な準平原に，約10億年前の堅固なルンピ花崗岩が侵食に耐えた残丘として聳えている。
〔マラウイ，ルンピ北西方；1975年夏〕

37　熱帯で冬枯れ？2

雪片が舞い落ちてきてもおかしくないような冬景色であるが，気温は30℃を優に超えている。細い沢沿いのみに維持されている鮮やかな緑が目にしみる。〔マラウイ，ルンピ；1975年夏〕

I 裂けていく大陸——アフリカ大陸

b 大地溝帯の外側

38 大草原を汽車は行く

機関本体の下に動輪がない。貧弱なレールへの負荷を小さくするため，炭水車を前後に配して荷重を分散させている。インド洋岸の門戸モンバサから一直線にナイロビまで延びている。1979年に石油パイプラインが開通し，大編成の油槽貨物列車は運行されなくなった。蒸気機関車もジーゼル機関車にとって代わられた。鉄道と並走しているモンバサ道路からタンクローリーも姿を消した。〔ケニア，エマリ；1975年夏〕

39 愛でられることもない景勝

マラウイ南部の商都ブランタイアから北の辺境リビングストニアに向かう4日がかりの行程の3日目，一面茶褐色の単調な準平原にあって目を和ませてくれた風景。美しい景観を売り物とする集落も，訪れる観光客もいない。〔マラウイ，ムズズ―ルンピ間；1975年夏〕

I 裂けていく大陸――アフリカ大陸

b 大地溝帯の外側

40 ムランジェ山

西洋のおとぎ話に出てくる悪魔の住み家のような山塊。約1億年前の堅固な火成岩（閃長岩）が，モザンビーク変成岩*の準平原に屹立している。標高2500m級の山頂をいくつか抱え，最高峰は3000m。西側より望む。〔マラウイ，ムランジェ；1975年夏〕

41 ムランジェ・クレーター

左側の窪みは平面形が丸いためクレーターと呼ばれているが，火口でも隕石の衝突痕でもない。複雑な節理（岩石の割れ目）に沿って風化・侵食作用が差別的に進んだためにできた凹地である。一帯は茶畑となっていて，同じく茶で知られる埼玉県狭山と同音のサヤマから望む。〔マラウイ，サヤマ；1975年夏〕

I 裂けていく大陸——アフリカ大陸

b 大地溝帯の外側

42 バオバブ

〔マラウイ,ドゥワ;1975年夏〕

43　リビングストニア教会

矢入憲二氏（岐阜大学）と2人で，マラウイ南部の商都ブランタイアを出発，中部の首都リロングウェ，それ以北は舗装なしの悪路を，北部のムズズとルンピでそれぞれ1泊し，マラウイ北端に近いリビングストニアの里に到着した。850kmを走破するのに4日かかったことになる。宿泊施設は，この辺境には場違いに立派な，リビングストーンゆかりのリビングストニア教会が管理するゲストハウス1軒のみ。食糧・日用品など必需品をすべてルンピで用意。80km南方のルンピと160km北方のカロンガの間にガソリンスタンドもないため，ガソリンもドラム缶で購入した。

若い英国人の宣教師が，ちょうど100年前の1875年に創立された教会を単身で守っていた。ステンドグラスはリビングストーンと現地人との出会いの場面（右ポスター参照）。教会の私書函を借りたが，郵便車がやってくるのは週1回金曜日のみ。ゲストハウスには部屋を取りまく回廊とレンガ敷きの中庭があり，純イギリス風（と想像される）の造り。電気・ガスはなく，簡易水道もしばしば断水。このため日の出とともに起床して行動を開始。森には豹が徘徊し，まれにライオンも出没するという。毒矢を携えて森を巡回していた老人が言うには「豹が鶏を襲いよる」。そこで，まだ明るい午後4時をもって調査を終了し，炊事・風呂沸かし用の薪を森のはずれで拾い集めて宿舎に戻る。日没とともにローソクとランプの灯りで夕食（缶詰と乾パン），ついで酒盛り。当時日本では高嶺の花であったスコッチウイスキーを2人で1本空けたら就寝という毎日が続いた。

入居して数日後キチンにゴキブリが姿を現した。回廊の天井には大きいクマンバチの巣がいくつもあって気になっていた。ある夜，非常食用に飼っていた鶏がけたたましく啼き始めた。何事ならんと寝室を飛び出して慄然とした。キチンから回廊までビッシリと蟻に覆われていて，まさに'黒い絨毯'である。白河夜船であった矢入氏を叩き起こし，殺虫剤を両手に部屋への侵入を防ぐ。ゴキブリやクマンバチを襲う蟻がソフトボール大の鞠をあちこちにつくっている。中に獲物もいないのに，同士討ちしている蟻の鞠も多い。蟻の大群全体が1つの意志と狂気に支配されて行動しているようだ。やがて魔力が解けたのか，夥しい仲間の死骸を残して潮が引くように姿を消した。翌朝，回廊で掃き集めた死骸は高さ50cmほどの山となった。ゴキブリもクマンバチも一掃されて，以後見かけなくなった。40日にわたる調査を終えて引き上げる際に，採取した大量の岩石標本を積み込むのに，余った缶詰・日用品が邪魔となった。買い取ってもらおうと持ち込んだ，この集落にたった1軒の雑貨店は，「缶詰のような高級品を購入する住民はいない」というので，ウイスキー以外をすべて寄贈した。いよいよ出立するにあたり教会に立ち寄って，異教の祖に，調査の無事終了を感謝し道中の安全を祈願した。
〔マラウイ，リビングストニア；1975年夏〕

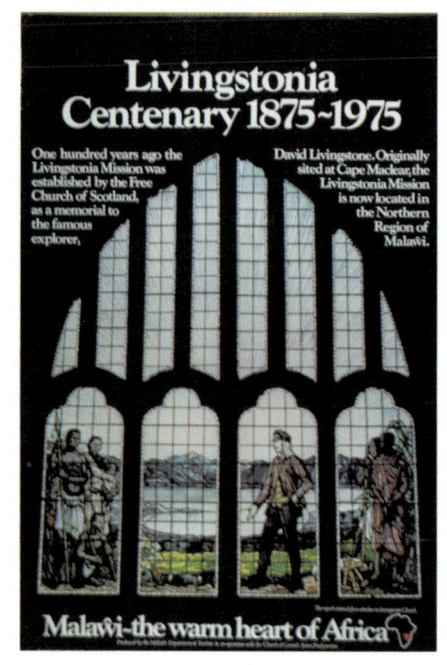

リビングストニア教会100周年記念ポスター

(40 × 60cm)

I 裂けていく大陸——アフリカ大陸

b 大地溝帯の外側

75

44　サンゴ礁海岸の貝殻採り

沖合で波を砕いているサンゴ礁（堡礁）に抱かれた，穏やかな遠浅の海。ケニアの通常切手（1977年）を飾る多様な貝が産し，カヌーが装飾用の貝殻採りに出ている。海水浴を楽しむのは現地人で，白人はホテルや自宅のプールを使い，海で泳ぐことは決してない。〔ケニア，モンバサのケニヤッタ・ビーチ；1977年夏〕

45 浮き橋

モンバサ市の中心は，ふくべのように本土にくびれ込んでいる湾の中で，狭い水道に囲まれたモンバサ島。ナイロビ（西方）からのモンバサ道路は埋め立て道路によって島に通じている。南方へはフェリー。北方への出口がこのニヤリ橋（右手がモンバサ島）。橋桁は板張りで下にたわんでいるため，雨の日はスリップしやすく神経が疲れる。住友建設が永久橋を建設中で，1979年に再訪した時には完成していた。〔ケニア，モンバサ；1977年夏〕

I 裂けていく大陸——アフリカ大陸

b 大地溝帯の外側

46 モンバサ島

狭い水道を隔ててモンバサ島東海岸の旧市街を望む。乾季でもインド洋から雨雲が侵入してきては強い驟雨をもたらす。数日から1週間ほど後には快晴の日々に戻る。〔ケニア，モンバサ；1977年夏〕

47 驟雨

雨をおして調査に出かけたものの，予想に反して弱まる気配がない。それどころか暴風雨の様相を帯びてきたため帰途についた。〔ケニア，モンバサ北方；1977年夏〕

I 裂けていく大陸——アフリカ大陸

b 大地溝帯の外側

48 ジーザス砦

モンバサ島南端のサンゴ礁の上に聳え立ち，水路入り口を睥睨している。16世紀末のポルトガル領時代にモンバサ港防衛のため構築された。英領からの独立運動時，その一翼を担ったマウマウ団の捕虜収容所として使われたとのこと。〔ケニア，モンバサ；1977年夏〕

Ⅱ 拡大している大西洋―アイスランド

49 プレートの境界

アイスランド島の中央を南北に走る新期火山帯*は，海面上に現れた大西洋中央海嶺*の中軸部である。新期火山帯の西を限る垂直の断層崖と，その東側の降下・傾動した細長い地塊との間に深い裂け目が口を開けている。大西洋西半分と北アメリカ大陸からなる北アメリカ・プレートはここから始まる。〔アイスランド，シンクバトラバトゥン湖北西隅から北方に延びるアルマンナ・ギャオ；2004年8月〕

50 溶岩台地を引き裂くギャオ*

新期火山帯*内には断層崖に挟まれた南北方向のリフト（地溝）が何本も走っている。その1つクラプラ・リフト（解説図9参照）の西を限る断層崖ギョッタ・ギャオで東（左）側が8mほど降下している。1975〜83年にこのリフトで溶岩が流れ出た際に，リフトの東西幅が約8m増大した（クラプラ拡大事件）。この数値は，溶岩の通路である地下の割れ目の中で固結したマグマ（層状岩脈群*）の幅を表すと解釈されている。〔アイスランド，ミバトゥン湖東方；2004年8月〕

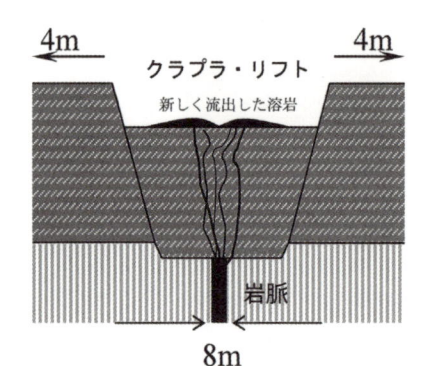

51　クラプラ火山

クラプラ拡大事件（50参照）の際にも活動した標高818mの火山。手前（北西側）の小さいビチ火山の不釣り合いに大きい火口（直径300m）が抱えている火口湖は，ここからは見えない。その前をクラプラ拡大事件で流れ出した溶岩流が横切っている。〔アイスランド，ミバトゥン湖東方；2004年8月〕

Ⅱ　拡大している大西洋—アイスランド

52 偽火山

氷河底や湖底でマグマが噴出すると，その熱によって大量の水蒸気が発生する。氷から水蒸気への爆発的な膨張によってマグマは粉砕され，その破片をあちこちで噴き上げて火山そっくりの地形をつくる。〔アイスランド，ミバトゥン湖東岸；2004年8月〕

53 溶岩原―エルトブラウン（燃える溶岩）

1783年，北西方のラキ火山からの溶岩流がつくった世界最大の溶岩台地（面積565km^2）。台地を突っ切る国道1号線から見渡すかぎり，黄緑色の苔類で覆われた溶岩がなす幻想的な景観が延々と続く。水中に流れ込んだ溶岩に特徴的な枕状の形が目立つ。長軸はほとんどすべてが北西方を向いている。海岸に広大な湖が存在していたのであろうか。海に流入した溶岩が陸地となるほど，わずか200年余で島のこの部分が隆起したのであろうか。〔アイスランド，ビク―キルキュバイヤルクロイストル間；2004年8月〕

Ⅱ 拡大している大西洋―アイスランド

54　真新しい溶岩流

クラブラ拡大事件（50参照）で流れ出した溶岩流。1本の草木も生えておらず，黒々としていることが，ごく最近の溶岩流であることを物語っている。〔アイスランド，ミバトゥン湖東方；2004年8月〕

II 拡大している大西洋―アイスランド

55 火山噴火で洪水が起こる―ヨクトルラウプ

1310年，ミルダルス氷河の下でカトラ火山が噴火した。流速7〜8m/秒，アマゾン川の流量に匹敵する10万km³/秒という大洪水が発生して，南東麓の集落を消し去った。火山岩の岩片からなる高さ4〜5mの円錐丘が散在し，その頂部に径2〜3m，深さ1mほどの窪みをもつものが多い。なぜ洪水の跡にこのような地形が残されるのか，納得できないままに通り過ぎた。〔アイスランド，ビク―キルキュバイヤルクロイストル間；2004年8月〕

56　溶岩台地 1

ミルダルス氷河からの融氷河水流がつくるスコゥガ滝。〔アイスランド，ビク西方スコゥガル；2004 年 8 月〕

Ⅱ 拡大している大西洋―アイスランド

57　溶岩台地 2

アイスランドで最小にして最古（17 世紀）の教会。木材が希少であるため半地下の造りとなった由。齢 90 歳代の司祭がなお現役という。〔アイスランド，ニューブッタズルより東方のロマグニュプル山を望む；2004 年 8 月〕

58 溶岩台地3

東海岸の小さい港町。ここは大西洋東半分を含むユーラシア・プレートの西のはずれに当たる。人口は数百人を数えるにすぎないのに，湾頭には多量のごみが打ち寄せられていた。〔アイスランド，レイザルフィヨルズル；2004年8月〕

Ⅱ　拡大している大西洋──アイスランド

59　温泉

温泉池の片隅で100℃の熱湯がごうごうと音を轟かせながら湧き出している。鉄柵で区切ってあるとはいえ，湯元と浴場（温水プール）とが一緒になっている温泉は，日本にもあるだろうか。〔アイスランド，ミバトゥン湖東方；2004年8月〕

60　地熱発電のおまけ

アイスランド南西隅で大西洋に突き出しているレイキャネス半島の先端部。発電に使用した後の熱水を処理して再利用している温泉浴池。独特の乳白青色は，生息している微生物による反射のためとのこと。〔アイスランド，ブルーラグーン；2004 年 8 月〕

III 潰されるトルコ

61　北上を続けるアラビア半島

トルコ・プレートに衝突・合体しているアラビア・プレートの北縁部分である。アラビアは現在もなお北向きに動いて，トルコをユーラシア大陸に押し付けている。この地点から2km先のオリーブ畑の中をシリア国境が通っている。〔トルコ南縁のキリス；1997年8月〕

62 北アナトリア断層*

アラビア・プレートが南側から押し付けているため，トルコ・プレートの主部は南と北の断層に挟まれて，地中海の方に向かってはみ出していく（解説図14参照）。断層運動が水平ずれであるため，遠望で断層の位置を確認するのは難しい。クルド労働者党（PKK）過激派ゲリラの活動地域というので，軍の護衛付きで見学。しかし，指揮官以外は全員が童顔で，散開して警戒態勢をとっていたが緊張感がまるでない。訓練を兼ねていたらしい。〔トルコ，エルジンジャン北西方8km；1997年8月〕

北アナトリア断層

63　北アナトリア断層*の断層線

標高 2839m の高原。背の低い雑草が一面枯れ果てているなか，水脈を断たれて地下水が浸み出している断層沿いだけは青々としており，水たまり（サグポンド）が数珠つなぎとなっている。〔トルコ，エルジンジャン西方カラダー山；1997 年 8 月〕

64　北アナトリア断層*のトレンチ調査

調査用のトレンチ（長方形の壕）。断層は左下隅から右端中央にかけて延びている。断層を横切る壕を掘り，断面で見られる断層両側の表土の状態から過去の断層活動を読みとる作業をトレンチ調査という。〔トルコ，ウルガス—サフランボル間；1997年8月〕

Ⅲ 潰されるトルコ

65 東アナトリア断層*

アラビア・プレートによって西方に押し出されていくトルコ・プレートの南縁をなす断層。断層の動きは北アナトリア断層*とは逆の左ずれ。断層運動によって破砕された断層沿いの部分は侵食されやすいため，直線状の谷（断層谷）となっている。谷の向こう側がアナトリア高原（トルコ・プレート）。〔トルコ，マラトヤ近くの峠から東方を望む；1997年8月〕

66 断層がずれてできる盆地 1（北アナトリア断層*）

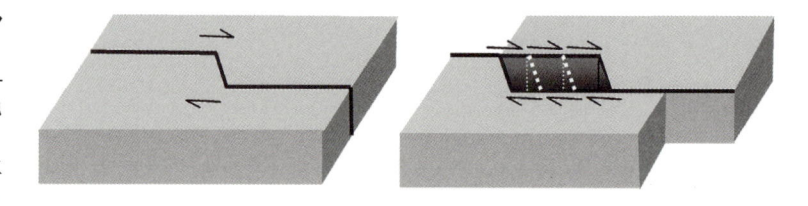

水平ずれ断層が屈曲している部分では，両側の地塊がずれていくにつれて，深い隙間が延びていく（プルアパート盆地）。右ずれ断層運動によって生じた盆地が水を湛えている。〔トルコ，エルジンジャン―トカト間；1997 年 8 月〕

67 断層がずれてできる盆地 2（北アナトリア断層*）

北アナトリア断層の右ずれ運動によって生じた，エルジンジャン・プルアパート盆地。中央部をユーフラテス川の上流（フラト川）が西流している。〔トルコ，エルジンジャン南郊の高台から市街を望む；1997 年 8 月〕

68　断層がずれてできる盆地3（東アナトリア断層*）

北アナトリア断層*とは逆に，東アナトリア断層の左ずれ運動によって生じたプルアパート盆地（ハザール湖）の東端部。〔トルコ，エラーズ―マーデン間；1997年8月〕

69　北アナトリア断層＊直上の民家 1

積み上げたレンガを，泥と牛糞をこねたセメントで固めた造り。鉄筋なし。これでは小さい地震でもひとたまりもあるまい。こんなみすぼらしい集落でテレビアンテナを目にしたのは一驚であった。〔トルコ，エルジンジャン北西方アサギベルジン；1997 年 8 月〕

70　北アナトリア断層*直上の民家2

アサギベルジンと違って木造家屋が目立つ。壁に筋交いが施してある。高床方式には免震の効果があるのかもしれない。〔トルコ，アマスヤ―チョラム間のデステク；1997年8月〕

III 潰されるトルコ

71 ネムルート巨大墳墓

ローマ時代にこの地を治めていたコンマグネ王国アンティオコス一世（在位前69～前34年；左横向きの像）の墳墓。小石を積み上げた巨大な円錐（高さ50m，直径150m）がネムルート火山山頂（2150m）に佇立している。墳墓の東麓と西麓のテラスに神々と王の像が並ぶ。東麓では頭部が失われているものの7体が健在であるが，西麓では東アナトリア断層*の活動による地震で見る影もなく荒れ果てている。〔トルコ，マラトヤ南方；1997年8月〕

72　パムッカレ

トルコ・プレート西部は，北のユーラシア大陸と南のアラビア半島によって圧縮される領域を抜け出している。窮屈な姿勢から解放されて背伸びするように，圧迫から解放されたこの地方は南北方向に膨らんで，ヒビ割れのような正断層*が数多く生じている。断層に沿って基盤の石灰岩から大量の石灰分を溶かし込んだ温地下水が湧き出し，これから沈積したトラバーチン（緻密な石灰岩）がさまざまな地表模様（微地形）をつくり出している。〔トルコ南西部；1997年9月〕

Ⅲ 潰されるトルコ

73 アナトリア高原

高原の南部を東西に延びるトロス山系。緑地と耕作地が広がり，期待していた荒涼とした景観は皆無。後日，東部地方でまさに絵に描いたような荒野を走破する機会を得たが，クルド労働者党（PKK）過激派ゲリラの活動が活発な地域であるため，「吾荒野を往く」の心境に浸る余裕はなかった。〔トルコ，コンヤ西方；1997年9月〕

74 カッパドキア

この地域一帯に広がっている，エルジェス火山（3917m：遠景）がもたらした火山砕屑岩層（凝灰岩と凝灰角礫岩）は脆弱であるため，雨や湧水に侵食・分断され，茸や尖塔の形をした奇岩が立ち並ぶ幻想的な地形をつくり出している。6～11世紀後半に，イスラム教徒の迫害を逃れてこの地にやってきたキリスト教徒が，洞窟の住居や聖堂，アリの巣のような地下都市を築いた。今に残るこれらの構築物は，トルコ内陸部が南北のアナトリア断層*による震災を免れていることを物語っている。〔トルコ，ウチヒサール：1997年9月〕

Ⅲ　潰されるトルコ

75　潅漑

階段状の潅漑水路が，耕作地を横断して何本も延びている。〔トルコ，コンヤ西方；1997 年 9 月〕

76　アナトリア高原南麓

アンタルヤ湾頭から北側のアナトリア高原を望む。アナトリア半島南部には中生代の石灰岩が広く分布する。〔トルコ，アンタルヤ；1997 年 9 月〕

Ⅲ 潰されるトルコ

77 テチス海*の名残り１：黒海

テチス海は，北側のローラシア大陸*と南側のゴンドワナ大陸*が接近するにつれて狭められ，地中海，黒海，カスピ海，アラル海に分断されている。後二者は完全に内陸に封じ込められているが，黒海は辛うじて地中海に，そして大西洋に通じている。地中海との循環は表層水のみに限られているようであるが，試しに口にしたところ，'通常の塩辛さ'であった。〔トルコ，イネボル；1997 年 7 月〕

78　テチス海の名残り2：ボスポラス海峡

黒海は，ボスポラス海峡—マルマラ海（内陸海）—ダーダネルス海峡によって地中海に通じている。この，長さ30km，幅700m〜4km，最深部37mという，川のような水路は完全にトルコ領内にあるが，国際条約により自由航行海域とされている。〔トルコ，海峡西側のイスタンブール旧市街：1997年8月〕

79 テチス海*の名残り3：ダーダネルス海峡

マルマラ海と地中海とを結ぶ海峡で，長さ70km，幅5km未満，最深部57mの水路。方向性と直線的な形状から北アナトリア断層*に沿う断層谷のように見えるが，そうではない。断層は，この海峡の北西側を突堤のように延びているゲリボル半島の北西側を走っている。〔トルコ，ゲリボル；1997年8月〕

80　陸上に現れた海洋地殻*1

地中海の最奥部。ジブラルタル海峡から3840kmにわたって延びている地中海の前に立ちはだかる海崖は，オフィオライト*からなる。後期白亜紀にアラビア・プレートが衝突した際に，北側からトルコ・プレートの上に乗り上げた白亜紀最初期のテチス海洋プレート*である。中央左寄りの谷から手前が集積岩*（はんれい岩），向こう側が層状岩脈群*（石英玄武岩）からなる。つまり向こう側が上位である。〔トルコ，ハタイ地方；1997年8月〕

Ⅳ 大陸と海洋の狭間

a 海底変じて陸となる

81 陸上に現れた海洋地殻*2

後期白亜紀にアラビア・プレートが衝突した際に，北側からトルコ・プレートの上に乗り上げた白亜紀最初期のテチス海洋プレート*のうち，集積岩*（はんれい岩）を小川が刻んでつくった渓谷。海洋プレート*の岩石も陸上に現れると，陸上の作用にさらされて大陸プレート*の岩石と同じ地形をつくる，というごく当たり前のことがよく分かる。

少し下流にダムが建設されるため，この地点はいずれ水没するとのこと。「これほどみごとな露頭が失われるのはいかにも惜しい。そうなれば，ダムが壊れるまで待つしかないか」と思わずつぶやいたところ，案内者のトルコ地質鉱山局地質部長に「あんた，テロリスト（クルド労働者党過激派ゲリラのこと）か？」とからかわれた。〔トルコ，ハタイ地方アンタクヤ；1997年8月〕

82 層状岩脈群*

80に示す海崖に露出する層状岩脈群*。1枚1枚の岩脈の厚さは数十cmから1m程度。ところどころで断層によってずれているものの，厚さをほとんど変えることなく，みごとに上下に続いている。〔トルコ，ハタイ地方；1997年8月〕

83 ヤイラ火山

オフィオライト*が露出する漁港の背後（南側）に陸上火山ヤイラ（1730m）が聳える。海洋火成岩と大陸火成岩が共存しているわけである。アラビア・プレートがトルコ・プレートに衝突した後，トルコ各地で噴火した火山の１つ。〔トルコ，ハタイ地方；1997年8月〕

Ⅳ 大陸と海洋の狭間

a 海底変じて陸となる

84 陸上に現れた海洋地殻*3

フィリピン群島は，フィリピン海プレートが，東南アジアの島々を含むユーラシア・プレートの下に沈み込む地帯に生じた島々からなる。基盤は大陸プレート*の破片・付加体*・オフィオライト*からなり，その上に火山体が載っている。前景左端の岩塊は海洋プレート*最下層のかんらん岩*。対岸は，現世サンゴ礁の低い台地，オフィオライトの丘陵，背後に活火山の山並み。〔フィリピン，バターン半島を西方より望む；2002年12月〕

Ⅳ　大陸と海洋の狭間

a　海底変じて陸となる

85　陸上に現れた海洋地殻*4

右側が海洋プレート*最下層をなすかんらん岩*，左側は，その上のマグマ溜まりの中で固結した集積岩*。両者の境界が地殻*／マントル*を分けるモホロビチッチ不連続面*である。〔フィリピン，バターン半島を東方より望む；2002年12月〕

86　石灰岩の山陵1
　：高床住居

中生代の中ごろ，大小の大陸塊が次々と中国大陸に衝突・合体して，中国南部とインドシナ半島がお目見えした。浅い海を彩っていたサンゴ礁*は衝突した大陸塊にはさまれて何列もの石灰岩の山並みをつくり，その山間盆地は湖沼や河川の土砂によって埋められた。石灰岩は堅固であるものの水に溶けやすいため，雨水や地下水が割れ目を広げる。一続きであった山陵は，やがて特異な形の山塊や巌に分割される。〔ベトナム，エンチャウ；2002年3月〕

IV 大陸と海洋の狭間　　a 海底変じて陸となる

87　石灰岩の山陵2：並走する盆地

三畳紀石灰岩の山陵に挟まれ，西北西から東南東に延びている細長い低地。石灰岩よりもはるかに軟弱で侵食されやすい白亜紀の湖沼・河川堆積岩が分布している。白っぽい石灰岩と赤みを帯びる陸成堆積岩の分布範囲が一目で分かる。盆地の南限付近から北方を望む。〔ベトナム，エンチャウ；2004年11月〕

88　石灰岩の山陵 3：盆地に広がる田園

三畳紀石灰岩の山塊の下に広がる美田。〔ベトナム，エンチャウ—ディエンビエンフー間；2003 年 3 月〕

89　石灰岩の山陵 4：谷間の耕作

小さい谷間が丹念に耕作されている。耕耘機や田植機など機械はまったく導入されておらず，すべて水牛と人の手になる。1枚1枚の田ごとで色に微妙なちがいが見られるのは，作業を一挙に進めることができないため，稲の生育状況が異なることを物語っている。昭和初期の日本の田園風景を見るようである。〔ベトナム，ホアビン近郊；2003年3月〕

IV　大陸と海洋の狭間

a　海底変じて陸となる

90　石灰岩の山陵 5：ハロン湾

内陸の石灰岩山塊が海没すればこのような景観が現出するはずである。水田にかわって海水面が石灰岩（石炭紀〜ペルム紀）を孤立させている。大きい鍾乳洞を抱える島もある。大小の遊覧船と船上で食する魚介類を売る小舟の往来で賑わっている。〔ベトナム北東部；2003年3月〕

Ⅳ 大陸と海洋の狭間

a 海底変じて陸となる

91　石灰岩の山陵 6：桂林 1

石灰岩の奇岩の台座が，ベトナム内陸では田園，ハロン湾では海面，ここでは川面となっている。石灰岩の山塊を縫って曲流する川を遊覧船が数珠つなぎに進む。〔中国広西壮族自治区桂林市；2006 年 9 月〕

92　石灰岩の山陵 7：桂林 2

デボン紀層中に含まれる石灰岩とその上に載る石炭紀石灰岩がなす奇岩が延々と続く。〔中国広西壮族自治区桂林市；2006 年 9 月〕

アルプス山脈(93〜96)

ペルム紀後期から三畳紀に堆積作用が始まったテチス海*は，白亜紀から第三紀にかけて南のアフリカ・プレートが北のユーラシア・プレートに接近するにつれて縮まった。この海の北縁では，海底に堆積していた地層が，その基盤の岩体もろとも押し上げられ，壮大なアルプス山脈が姿を現した。

スイス・アルプスを含む西アルプスの変動は第三紀に最盛期を迎えた。一方，東アルプスでは三畳紀から白亜紀初期まで主として石灰岩が厚く堆積し，白亜紀中期には地殻変動が始まったとみられている。その後，プレート運動によって地殻変動*が進み，アルプス山脈が成長していく過程で，この石灰岩地帯は，ほとんど水平な断層面によって根こそぎにされ，そのまま他の地帯上を通過してはるか北方に運ばれ，現在アルプス山脈の北部を占める石灰岩アルプスとなっている。

93 鼠返しのある納屋

〔スイス，ツェルマット南郊ゴルナーグラート；1991年9月〕

Ⅳ 大陸と海洋の狭間

a 海底変じて陸となる

94 ワーレン湖

〔スイス，チューリッヒ東方；1991年9月〕

Ⅳ 大陸と海洋の狭間

a　海底変じて陸となる

95　石灰岩アルプス 1

東アルプス山脈北縁を特徴づける石灰岩。〔オーストリア，インスブルック西方；1991 年 9 月〕

96　石灰岩アルプス 2

東アルプス山脈北縁を特徴づける石灰岩。〔オーストリア，インスブルック西方；1991年9月〕

Ⅳ 大陸と海洋の狭間

a 海底変じて陸となる

97 海溝の堆積物―タービダイト*1

大量の陸棚堆積物が大陸斜面をなだれ落ち（乱泥流*），海溝底で薄く広がって堆積した地層。泥乱流の勢いが衰えるにつれて，乱泥流の先頭を占める粗い粒子から順に脱落するので，1回の泥乱流でできる1枚の地層で下から上にかけて粒子が細かくなっている（級化成層）。画面に見る1枚1枚の地層が1回1回の乱泥流の産物である。ほぼ水平に堆積した地層も，大陸に付加*する際とその後の地殻変動*によって急傾斜している。〔ロシア，ハバロフスク郊外の採石場；2002年9月〕

98 海溝の堆積物—タービダイト*2

このタービダイト層では，上半分の茶色部分は砂，下半分の黒い部分は角張った泥の破片の集合体である。泥片は，海溝に達した乱泥流*が，前回の乱泥流で堆積したタービダイト層の上を通過する際に，最上部の泥を削って取り込んだもの。〔ロシア，コムソモルスク，アムール川左岸；2002年9月〕

99 タービダイト*の褶曲

日本列島の基盤をなしている，太平洋プレート（およびその前身）の付加体*は，北から南に向かって年代が若くなる。最も若いのは白亜紀後期～古第三紀の四万十帯のもので，関東から中部，紀伊半島，四国，九州を経て沖縄まで続いている。四万十川沿いでよく観察されるのでこの名がある（日本列島地質概略図参照）。地層はほとんどがタービダイト*である（すき間ないしへこんでいる黒く薄い部分が泥岩）。画面の褶曲が，堆積直後の海底地すべりによるものか，付加する際のものか，その後の地殻変動*によるものか，意見が分かれている。〔和歌山県すさみ町海岸；1985年4月〕

Ⅳ 大陸と海洋の狭間

a 海底変じて陸となる

100　海底地すべりによる褶曲

堆積したばかりの地層は大量の水を含んでいるため，海底にほんのわずかでも勾配があると，自身の重さや地震による衝撃などによってすべり始める。先端がつかえると，背後の地層は進行方向につんのめって曲がる。地すべり層表面の凹凸が海流などで削られて，その上に新たな地層がほぼ水平に堆積する。こうして，曲がりくねった地層が，上下を平坦で互いに平行な地層に挟まれている状態となる。〔神奈川県三浦市海渡；1980年ごろ，道路改修時〕

101 プランクトンの殻からできた岩石―チャート

赤道海域には放散虫というプランクトンが大量に生息しており，死後その殻（珪酸 SiO_2）が海底に降り注ぐ。他に堆積するものがほとんどない遠洋では，長年の間に放散虫殻だけが厚く積もり，固まってチャートという堅い岩石に変身する（解説図13参照）。プレート沈み込み帯*ではチャートも陸に付加*する。サンフランシスコ金門橋の南橋詰めに露出するこのチャートは，はるか西方の太平洋赤道海域でジュラ紀に堆積したもの。〔アメリカ，カリフォルニア州；1995年8月〕

Ⅳ 大陸と海洋の狭間

a 海底変じて陸となる

102　海洋に堆積した順序 1

説明は 136 ページ。三重県南伊勢町道方から能見坂峠東方に延びる秩父帯（ジュラ紀〜前期白亜紀の付加体*からなる：日本列島地質概略図参照）の山陵を望む。〔1990 年 4 月〕

Ⅳ 大陸と海洋の狭間

a 海底変じて陸となる

103 海洋に堆積した順序 2

説明は 136 ページ。三重県南伊勢町南島の海岸に露出する四万十帯の海洋プレート*層序。〔2005 年 11 月〕

102　海洋に堆積した順序 1

赤道海域から離れるにつれて，海洋表層部の放散虫が減り遠洋性の泥が増えてくるので，その下を移動していく海洋プレート*では，チャートの上に，泥質チャート→珪質泥岩→泥岩がこの順で重なる。プレート終点の海溝*ではこれらの遠洋堆積物を大陸からやってきたタービダイト*が覆う。こうして最下位のチャートから最上位のタービダイトに至る一連の堆積層（チャート－砕屑岩ユニット）が海洋プレートとともに沈み込んでいくことになる。堆積層がスムーズに沈み込む深さには限度があり，沈み込みが行き詰まるとそれに続く堆積層は沈み込み口で切れてその下に入り込む。このようにしてトランプの束の下にカードが次々と差し込まれるように，先に付加した地層の下側にその続きの地層が付加する（下付け付加；解説図 13 参照）。この下付け付加によって形成された付加体*は，チャート－砕屑岩ユニットの積み重なりとなっている。いうまでもなく，下位のユニットほど後から付加したものであるので，年代が若い。

画面で植生を隔てて認められる 3 層のチャート層は，この山陵をつくっている 3 つのユニットそれぞれの最下位を占めるものである。

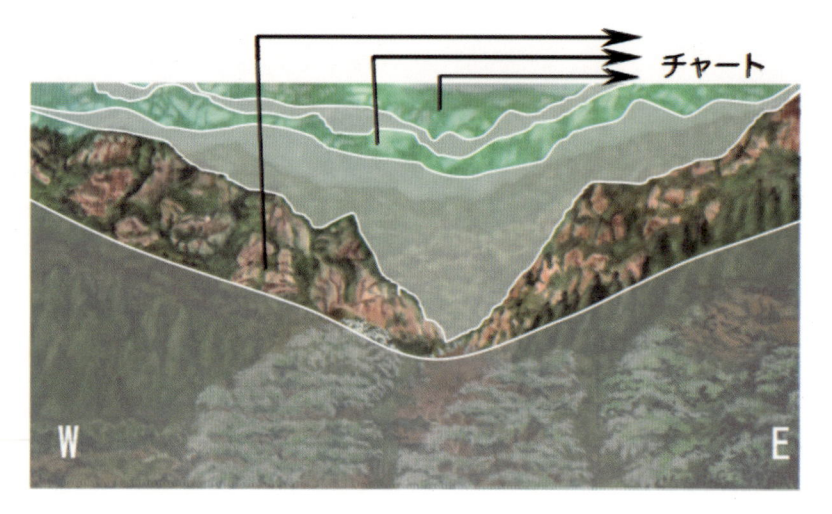

103　海洋に堆積した順序 2

海溝*で海洋プレート*の堆積物が剥ぎ取られる際に，海山（水没した海底火山）のような海洋プレートの突出部は沈み込み口で粉々に砕かれるか，根こそぎにされて堆積物の付加体*に合体する。また，プレートの沈み込み速度・角度によっては，堆積物を載せている海洋プレートの平坦な表層部が削り取られて付加してしまうこともある。画面中央部では，そのようにして付加した海洋地殻の表層部（玄武岩；変質して緑色岩となっている）の上にチャート－砕屑岩ユニット（右側）が重なっているが，付加時または隆起時の逆断層*によってユニットの一部（チャートと泥質チャート）が欠けている。

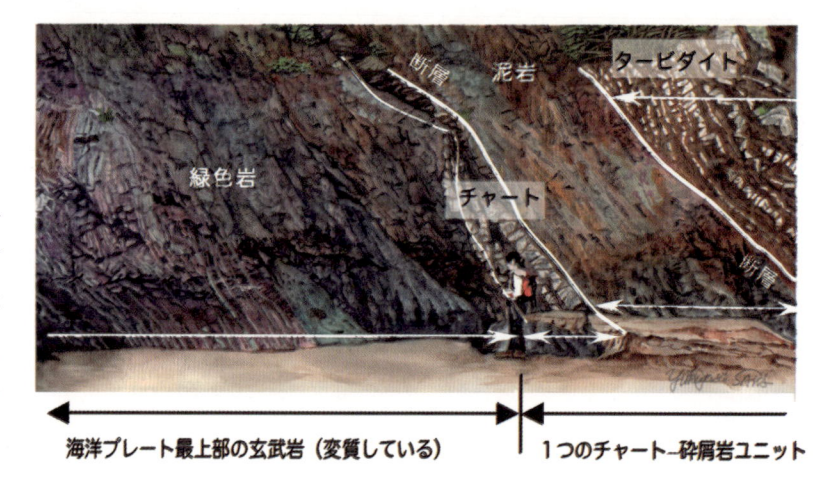

Ⅳ 大陸と海洋の狭間

a 海底変じて陸となる

104 変身したサンゴ礁―石灰岩

ペルム紀にアジア大陸の東縁で海洋プレート*が沈み込み始め，堆積物の付加*も始まった。日本列島の胚芽の誕生である。やがて，海溝*の外縁に巨大なサンゴ礁を載せた海山が到来した。海溝に向かってプレートが下向きに折れ曲がるにつれて，その上のサンゴ礁は張力によって粉々に割れて，大小無数の岩塊となって海溝になだれ落ちた。その後，岩塊はたがいに癒着して1つの巨大な石灰岩塊と化した。この説が1991年に発表されて，明治以来続いてきた秋吉台石灰岩の成因論争に終止符が打たれた。〔山口県美祢市，秋吉台；2007年4月〕

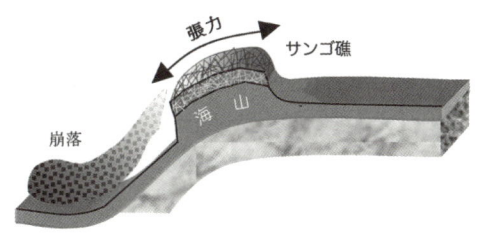

105　海底地すべり岩塊 1

ペルム紀にアフリカ大陸と決別したインド亜大陸は，白亜紀初期にはアジア大陸に接近した。前面のテチス海洋プレート*は，アジア大陸南縁の海溝*に沈み込んでいく。このため海洋プレートは北方に傾き，堆積層は海溝に崩落してそこに堆積していた泥（現地性堆積物）と混合した。崖に突出している巨岩は，周囲の現地性泥岩にとっては外来（異地性）のチャート岩塊である（白亜紀初期ゾンツォ層）。〔中国チベット自治区ギャンツェ東方ベイジャ村；2001年10月〕

106 海底地すべり岩塊 2

大陸斜面は，海溝*で付加した後にせり上げられた付加体*がなす斜面である。この斜面でしばしば海底地すべりが発生し，付加体の一部がばらばらに崩壊して海溝に舞い戻り，再び付加してせり上げられていく。陸地となってからは，堅固な異地性チャート岩塊はまわりの風化に弱い現地性の砂岩や泥岩から突出した巌をなす。四万十帯の北側を並走している，ジュラ紀～前期白亜紀の付加体からなる秩父帯（日本列島地質概略図参照）。〔三重県志摩市磯部沓掛；1987年8月〕

Ⅳ 大陸と海洋の狭間

a 海底変じて陸となる

107 海底地すべり岩塊 3

海底地すべり堆積体に含まれている石灰岩塊が，陸上で風化作用にさらされて石灰岩独特の奇岩をなしている。日本で唯一，ジュラ紀〜前期白亜紀の秩父帯付加体*が黒潮に直接洗われている場所である。〔三重県鳥羽市神島の南海岸；1997年12月〕

108 山中地溝帯

ジュラ紀〜前期白亜紀の付加体*からなる秩父帯の中軸には，付加体とはまったく岩質が異なる白亜紀層が断続して分布する。これは付加体がなす大陸斜面または大陸棚の浅海に堆積した堆積物で，関東山地では西北西—東南東に約40kmにわたって続いている。白亜紀層は，両側の堅固な付加体よりも軟弱なため，その分布域が細長い低地帯をなしているので，慣習的に地溝帯と呼ばれているが，並走する正断層*に挟まれた地塊が落ち込んでいる正規の地溝帯（リフト）ではない。〔埼玉／群馬県境の志賀坂峠より埼玉県側（小鹿野町）を望む；2004年4月〕

Ⅳ 大陸と海洋の狭間

a 海底変じて陸となる

109 五ヶ所−安楽島構造線

関東から九州まで，秩父帯の中軸部には周囲のジュラ紀付加体*や白亜紀層（108参照）とはまったく異質な前期古生代堆積岩・火成岩・変成岩の岩塊が蛇紋岩を伴って断続的に分布している。ジュラ紀後期，付加作用*によって成長している付加帯の，現在の北上地方南部に微小大陸が衝突し（日本列島地質概略図参照），その後圧縮されて周縁部分がばらばらに壊された。その破片は，海溝に対して斜めに沈み込んでいたプレートの動きに引きずられ，白亜紀前期にかけて秩父帯全体に散布された。〔三重県南伊勢町南勢五ヶ所浦；2007年4月〕

弱変成岩　蛇紋岩

白亜紀層（海底）

110 仏像構造線

海洋プレート*が海溝*で沈み込む方向・速度・角度は一定ではなく，沈み込みそのものが停止することもあろう。

海洋プレート運動の変化は付加体*の性状に反映される。秩父帯は，全体にわたり仏像構造線と呼ばれる大断層を介して南側の四万十帯と接している（日本列島地質概略図参照）。両者が断層で境され，その間に中期白亜紀層が欠けていることは，プレート運動が変化したことによると解釈されている。画面は道路建設工事中に現れた仏像構造線で，現在はコンクリートによって隠されている。〔三重県志摩市磯部恵利原；1982年9月〕

111　深く沈み込みすぎた付加堆積物

ジュラ紀の付加体*の一部が通常より深部まで沈み込んだため，高圧（数千気圧）にさらされて生じた高圧型変成岩。秩父帯のすぐ北側を，これと平行して四国まで続いている（三波川変成帯；日本列島地質概略図参照）。中央構造線と同様，三波川帯も九州では阿蘇山によって覆われているため所在は不明。〔埼玉県皆野町；1976年5月〕

112 レーニエ火山

在留邦人や日系人がタコマ富士の名で親しんでいる成層火山。1980年に大噴火したセントヘレンズ火山と同じく、太平洋プレートが北アメリカ・プレートの下に沈み込んでいることに起因する火山。マグマの発生機構と性質が、太平洋はるか対岸の富士山と基本的に同じであるため、噴火形式が似ており、山容も似たものとなる。〔アメリカ、ワシントン州タコマ；1989年8月〕

Ⅳ 大陸と海洋の狭間

b 火山と地震

113　磐梯山

1888年に水蒸気爆発を起こし，山頂部の北側が崩壊した。この爆発によって大小の岩塊が四方八方に飛散し，爆裂火口壁をもつ爆発カルデラが形成された。その後に北麓（裏磐梯）で発生した火山泥流によって水系が分断され，無数の湖沼が生じた。〔福島県北塩原村；2006年6月〕

114 洞爺湖と昭和新山

洞爺湖は更新世後期のカルデラ湖。昭和新山は，完新世に生まれた有珠火山の寄生火山。1942年末，有珠山東麓で突如として火山活動が始まった。麦畑が広がる平地は，なかば固結した溶岩が上昇してくるにつれてドーム状に持ち上げられた（屋根山）。1944年暮れには，溶岩（石英安山岩）が屋根山を突き破り，標高406.9mの溶岩円頂丘をつくった。誕生後60年余を経た円頂丘は，崩落と地熱低下による収縮のため山頂が低くなり（402.3m），屋根山から植生が進出し始めている。〔北海道壮瞥町，大有珠より望む；2006年6月〕

Ⅳ 大陸と海洋の狭間　　b 火山と地震

115　1977年有珠山噴火の火口

有珠山は，外輪山に囲まれた火口原に，大有珠と小有珠2つの火口丘を抱える複合火山である。1977年8月，2つの火口丘の中間にあった銀沼付近で噴火が起こり，有珠新山が誕生した。噴火は北側の洞爺湖温泉街を含む市街地および周辺一帯に大きい被害をもたらした。5年後には有珠外輪山に登るロープウエイの運行が再開され，大有珠麓に火口原を見渡す展望台が完成した。〔北海道壮瞥町，大有珠外輪山より望む；1982年8月〕

Ⅳ 大陸と海洋の狭間

b 火山と地震

116 1977年有珠山噴火の爪跡

外輪山の内側斜面を爽やかな緑に彩っていた木立が，火山灰や噴石によって壊滅している。立ちこめているガスは噴煙ではなく，折から晴れつつある朝霧。〔北海道壮瞥町；1978年8月〕

117　2000年有珠山噴火の爪跡

1977年噴火よりも温泉街寄りの有珠外輪山北西部で2000年3月31日に噴火が始まった。幸い人的被害はなく翌年4月に終息。今も水蒸気を勢いよく噴き上げている小火口群，地下のマグマ活動による地形変化を生々しく示す道路，立ち入り禁止となっている地熱スポット，噴石に直撃されて破壊された家屋や幼稚園舎などを見学する遊歩道ができている。〔北海道壮瞥町；2004年8月〕

118 爆裂火口

爆裂火口に温泉を湛える大湯沼と火口壁の一部をなす日和山（366m）。大湯沼には，炭素が同心状に沈積してできたピソライトと呼ばれる丸薬大の黒い球が無数に浮かんでいる。近くに登別温泉の源泉がある。〔北海道登別市；1980年8月〕

Ⅳ 大陸と海洋の狭間
b 火山と地震

119 キタキツネ

日和山山頂にて。岩塊をはがすと，底面に硫黄の針状結晶（長さ1cm±）がびっしりと成長しているものもある。〔北海道登別市；1980年8月〕

120　層雲峡俯瞰

大雪山は，千島海溝*への太平洋プレート*の沈み込みがもたらした，主峰旭岳（2290m）をはじめ多数の火山からなる複合火山。更新世後期に軽石や火山灰の大火砕流*が周囲に流下，厚く堆積して平坦な台地を形成した。当時すでに北西側を刻んでいた石狩川渓谷も埋積された。埋積を免れた集水域からの流水が台地を下刻し，切り立つ絶壁が10km以上にわたって両岸に連なる層雲峡をつくり出した。目もくらむ高さの絶壁も，台地の上から眺めると，カステラのように脆い火砕流堆積物を切り込んだ溝の側壁にすぎないことが理解できる。（ここでは，石狩川は溶岩台地（手前）と古い火山岩の間を流れている。）〔北海道上川町；1982年8月〕

Ⅳ　大陸と海洋の狭間

b　火山と地震

121　火山泥流

1991年フィリピン，ルソン島西部のピナツボ火山（1759m）が噴火して，厚さ20mもの火山灰が麓に積もった。噴火後何ヶ月にもわたり，大雨のたびにその火山灰が泥流となって河川に入り込み，流路を埋めた。この川も，この地点のすぐ下流にかかっている橋の橋桁に達する火山砕屑物に埋め尽くされている。〔フィリピン，マニラ北西方；2002年12月〕

122　兵庫県南部地震—野島断層 1：断層擦痕

1995年1月17日，兵庫県南部地震が発生した。震源が浅かったためマグニチュード7.2の割に被害が甚大で，犠牲者は6400名を超えた。地震を起こした断層は淡路島北部から神戸市内にかけて地表に現れた。淡路島の断層は野島地震断層と名付けられた。画面の断層面は走向N53°Eで66°SE方向に傾いている。面に付いたずれの痕（断層擦痕）は水平線と約30°の角度をなし，断層の南東盤が右にずれながら約40cm隆起している。〔兵庫県淡路市北淡；1995年3月〕

123　兵庫県南部地震—野島断層2：雁行割れ目

野島断層と並走する副断層や枝分かれして延びる派生断層が何本も生じた。いずれも主断層と同じく右ずれを示している。基盤の堅固な岩石は断層によって切断されているが，その上の田の軟弱な土壌では断層が現れることなく，一定の方位の短い開口割れ目がほぼ等間隔に何本も生じている。このように引きつれて生じた割れ目を雁行割れ目と呼ぶ。割れ目を逆撫でする方向が，伏在する断層のずれの方向である。〔兵庫県淡路市野島；1995年3月〕

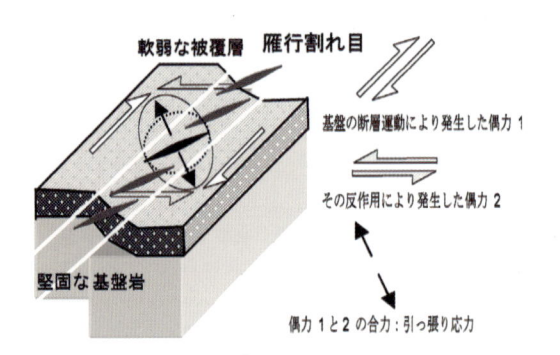

軟弱な被覆層　雁行割れ目
基盤の断層運動により発生した偶力1
その反作用により発生した偶力2
堅固な基盤岩
偶力1と2の合力：引っ張り応力

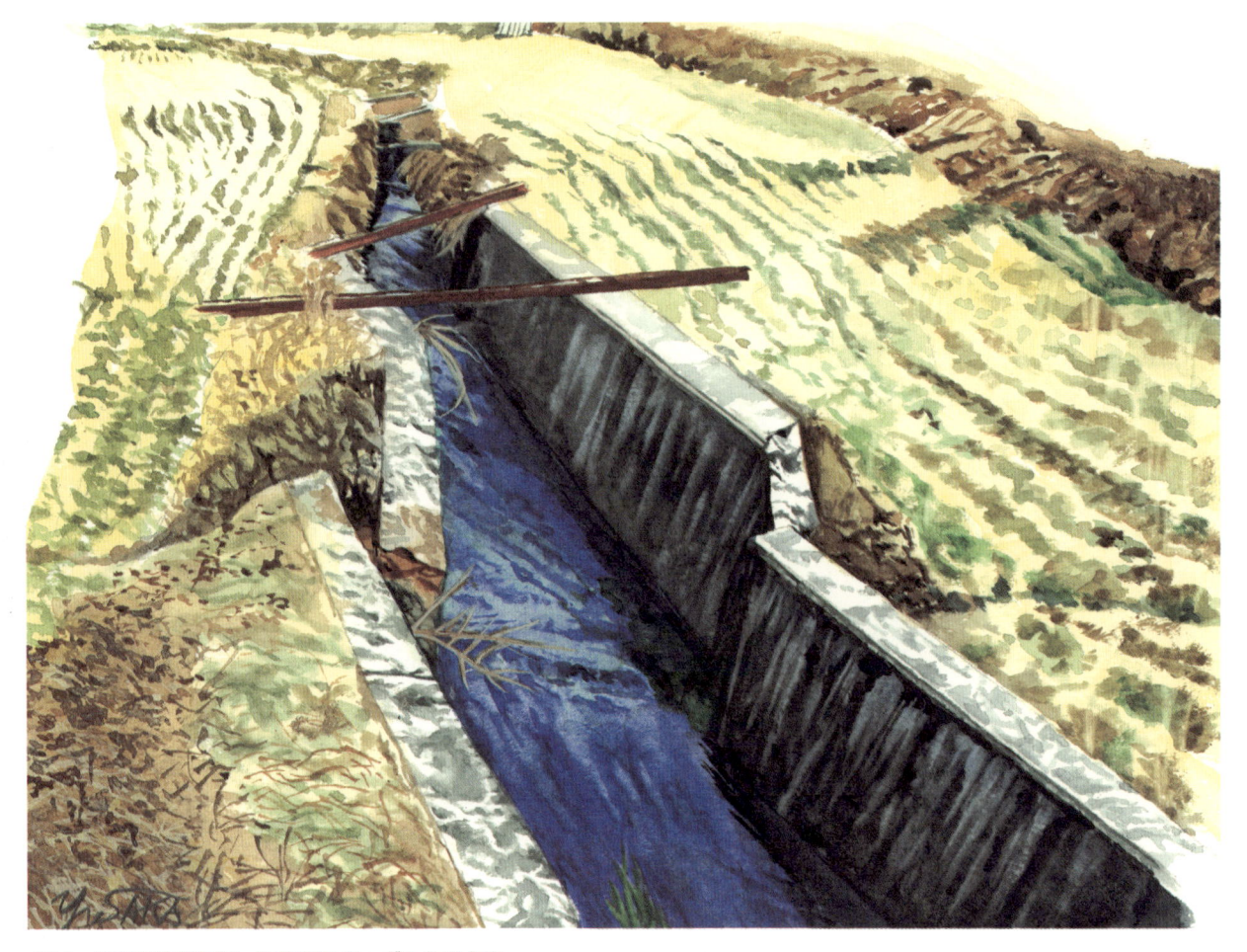

124 兵庫県南部地震—野島断層3：ずれた用水路

田の下を走る断層によって用水路が右ずれしている。122に示すような垂直方向のずれは認められない。コンクリートの用水路はシャープに切断されているが，土壌が柔らかい田では断層線がはっきり現れず，畝のずれによってその位置が推定される。〔兵庫県淡路市野島；1995年3月〕

Ⅳ 大陸と海洋の狭間

b 火山と地震

世界の屋根――チベット高原 (125〜131)

ペルム紀にアフリカと別れ，北方にはるばる移動していったインド亜大陸は，古第三紀（約5000万年前）にアジア大陸と衝突し，テチス海*の遠洋堆積物とその上の浅海堆積物を押し上げて，現在の地球で最大のヒマラヤ山脈をつくった。この大事件は衝突されたアジア内陸や周辺地域にも大きい影響を及ぼし，さまざまな地殻変動*を惹起した。さらに，ヒマラヤ山脈の背後でインド亜大陸がアジア大陸に重なるか食い込むかして，70kmという異常に厚い大陸地殻*が出現した（17ページ解説図5e参照）。地殻*は，マントル*の上にアルキメデスの原理に従って浮かんでいるので，厚くなればその分マントル内に沈み，高さは増す。平均高度約5000mのチベット高原はこの厚い大陸地殻の表面をなしている。

125　古城

〔中国チベット自治区ギャンツェ南方；2001年10月〕

Ⅳ 大陸と海洋の狭間

c 地殻変動の産物

126 傾斜する地層 1

インド亜大陸が衝突する前の白亜紀初期に，三角州・河川氾濫原・湖など陸上の水域に堆積した砂岩・泥岩層（シェキン層）。この範囲で見る限り，1方向（北）にほぼ同じ角度で傾斜（同斜構造）しているが，大規模な褶曲構造の一部分が現れているにすぎない。〔中国チベット自治区ラサ北西方；2001年10月〕

127 傾斜する地層 2

同斜構造。インド亜大陸塊が迫りつつある，アジア大陸前面の海溝*に堆積した白亜紀初期の泥岩層（ゾンツォ層）。〔中国チベット自治区ギャンツェ東方ベイジァ村；2001年10月〕

Ⅳ　大陸と海洋の狭間

c　地殻変動の産物

128　左右対称的な褶曲

構造全体がどちらにも傾いていない正立褶曲。走行中のバスからの望見であるため，地層の詳細については不明。〔中国チベット自治区ギャンツェ東方；2001年10月〕

正立褶曲　　傾斜褶曲　　横臥褶曲

129 倒れ込んでいる褶曲

インド亜大陸塊が迫りつつある白亜紀初期に，アジア大陸前面の大陸棚に堆積したタービダイト*（ガムリン層）。いくつもの褶曲がくりかえし，全体としては向斜となっている構造（複向斜）の一部。画面は全体が左（南）に傾いている傾斜褶曲。〔中国チベット自治区シガツェ東方ナダン；2001 年 10 月〕

130 横倒しとなっている褶曲

地層は 129 に同じ。これは構造全体が横倒しとなっている横臥褶曲。〔中国チベット自治区シガツェ東方ナダン；2001 年 10 月〕

131　地層の落丁

正立褶曲をなす白亜紀シェキン層（126 参照）を，水平な前期第三紀の陸上火山岩層（安山岩と流紋岩）が覆っている。シェキン層が堆積し，褶曲作用を受け，侵食されてほぼ水平で平坦となった地表面に火山岩層が重なったという，一連の出来事の経過を読み取ることができる。このような地層の不整合関係は，上下の地層が形成される間に地殻変動*があったことを物語り，［下位層の褶曲・侵食の期間］＋［削剥された部分の堆積期間］を隔てている。〔中国チベット自治区ラサ北西方；2001 年 10 月〕

IV 大陸と海洋の狭間

c 地殻変動の産物

132 めくり上げられた地層1

アメリカ内陸では，大陸を覆った浅海の堆積物や，海が退いた乾陸で風や河川によって堆積した厚い中・古生代層が，基盤岩の上に水平に重なっている。第三紀にその西側でシエラネバダ山脈が隆起を始めると，近傍の地層がめくり上げられて傾斜するに至った（同斜構造）。開拓時代，同斜構造の最も内陸側を占める白亜紀層の山並みに会合した幌馬車隊は大平原の終わりを実感したことであろう。〔アメリカ，コロラド州コロラドスプリングス；1995年8月〕

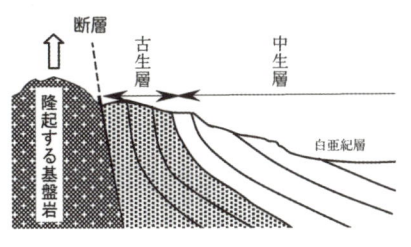

133 めくり上げられた地層 2

132 より山脈に近づくにつれて，めくり上げられて傾斜を増した下位の地層が次々と地表に現れてくる．山脈に近いこの地では，ペルム紀リヨンズ砂岩層が直立を通り越して逆転（裏返し）している．〔アメリカ，コロラド州コロラドスプリングス，'神々の庭園'；1995年8月〕

134 地層の段差

アメリカ内陸では，膨大な厚さの古生代・中生代の地層が，ほとんど変形することなく太古の基盤岩の上に水平に横たわっている。基盤岩に断層が生じても，基盤岩にくらべて柔軟な地層は切断されることなく，段差の上にかけた厚い毛布のように，断層の落差分だけ折れ曲がる（単斜構造）。〔アメリカ，アリゾナ州ブラフ西方；1995年8月〕

Ⅳ 大陸と海洋の狭間

c 地殻変動の産物

135　恐竜が眠る里

のどかな田園が広がる大地には大量の恐竜化石が眠っているはずである。すぐ近隣で，前・中期ジュラ紀恐竜の骨化石を密集して含んでいる地層が発見され，一部がそのままの状態で見学に供されている。2億年前に恐竜たちの楽園であったこの地を支配している人類の痕跡も，1億年の後に残されているであろうか。〔中国四川省成都市の150km 南南東方，ジゴン；2001年10月〕

136 ライン地溝

南南東から北北西に延び，西側のボージュ山脈と東側のシュバルツバルト（黒い森）を分けているリフトバレー*。5000万年前ごろ，アフリカ・プレートがユーラシア・プレートに衝突した衝撃で形成された。両岸には狭い河岸段丘があって辛うじて鉄道と道路が通っている。背後の急斜面にはブドウ畑が延々と続き，数え切れないほどの古城が佇立している。〔ドイツ，ロッホハウゼン；1991年8月〕

Ⅳ 大陸と海洋の狭間　c 地殻変動の産物

137 スコットランドを横断する断層 1：ネス湖

約3億年前，現在はブリテン島となっている地域を横断して北東—南西方向の断層が生じ，北側（スコットランド北部高地）は南側（グランピアン高原）に対して南西方向に 100 km もずれ動いた。このグレートグレン断層は，北海沿岸のインバネスから大西洋岸まで，幅狭い凹地として直線的に延びている。ネッシーで知られるネス湖はその中のやや幅広い窪みを占める湖。〔イギリス，ネス湖西端より約 30 km のアーカート城；1994年8月〕

138 スコットランドを横断する断層 2：ロッカイ湖

グレートグレン断層がつくる直線状の凹地帯。東海岸のモレー湾も西海岸のローン湾もこの断層沿いの凹地とみなされる。ちょうど中央部にあたるロッカイ湖北西岸がみごとな断層線崖（断層崖が風化・侵食を受けた結果，元とは異なる勾配となった崖）をなしている。〔イギリス北部；1994 年 8 月〕

Ⅳ　大陸と海洋の狭間
c　地殻変動の産物

139　中央構造線 1

日本海側の内帯と太平洋側の外帯を分ける大断層で，関東山地から四国まで日本列島を縦断している（日本列島地質概略図参照）。九州では阿蘇山の火山岩に覆われているため，所在が明らかにされていない。堅固な花崗岩や片麻岩からなる右側（内帯：領家帯）は急峻な山地をなし，林業のみに利用されている。左側（外帯：三波川帯）は脆弱な結晶片岩であるため地形はなだらかで，さまざまなかたちで人の手が入っており，斜面崩壊も多発している。〔長野県大鹿村，中央構造線博物館より南方，地蔵峠を望む；1997年3月〕

140 中央構造線 2

中央構造線は，紀伊半島と四国ではほぼ東西方向に走っている。ここでも内帯（断層運動によって地下深部で生じたマイロナイトという緻密で堅い岩石）と外帯（三波川帯結晶片岩）の岩石の違いは歴然としており，中央構造線は東西方向の直線的な地形（リニアメント）をなしている。〔三重県多気町勢和多気；1999年1月〕

141　本州の食い違い痕—諏訪湖

日本列島は，中部地方を横断する大断層（糸魚川－静岡構造線；全長 250 km）によって，西南日本と東北日本に分けられる（日本列島地質概略図参照）。この断層は中新世ごろに活動したが，北部と南部では運動形態が異なるようである。諏訪湖付近では約 12 km の左ずれが知られており，諏訪湖はこの左ずれ運動によって開口したプルアパート盆地内の湖である（66 参照）。〔長野県岡谷市，下社秋宮付近から湖の東端部を望む；2000 年 11 月〕

142　地表に現れたマントル*の岩石

日高山脈は，北海道の西半分（本州の続き）と東半分（オホーツク海の沈み込み帯*で誕生した付加体*）とが衝突することによって形成された。この地殻変動*にともなって，地表での最大径 9km に及ぶかんらん岩*の大岩塊がマントルから地表にもたらされた。この幌満かんらん岩体の象徴的存在であるアポイ岳（811m）は，特異な地質を反映する独特の植物群落で知られる。〔北海道様似町幌満；2006 年 9 月〕

143　落石の通り道

崩落する岩石が頻繁に通過するところでは，植生が育たず，裸地となっている。
〔アメリカ，コロラド州ドゥランゴ北方；1995年8月〕

144 火山の斜面

森林限界（2000m 付近）を超えている，乗鞍山頂の畳平お花畑（標高約 2700m）。不動岳（2875m）北斜面で，過酷な自然条件のもと，這い松と斜面崩壊との間で一進一退のせめぎ合いが展開されている。〔長野県松本市；2007 年 11 月〕

Ⅴ 大地の造形

a 重力

145　岩盤の崩落

更新世後期の大雪山火砕流*堆積物を石狩川が刻んだ峡谷壁（120参照）。高温の軽石や火山灰は互いに癒着（溶結）し，大きい岩片は押しつぶされて扁平となっている。この堆積体は厚さに比べて広がりが無限に近い岩体であるため，冷却するにつれて収縮する際に，伸ばしたゴム紐のように全体の中心に向かって縮むことはない。岩体中に均質に生じた無数の収縮の中心に向かって周囲がそれぞれ縮むので，岩体を垂直に寸断する引っぱり割れ目が生じる。割れ目はほぼ垂直の柱（多くは五角柱）をつくるので柱状節理と呼ばれる。中央の褐色部は節理に沿って岩塊が崩落した痕。下位の暗褐色部は基盤の後期白亜紀〜新生代付加体*。〔北海道上川町，層雲峡小函；1998年8月〕

V 大地の造形

a 重力

146 崖錐

緩く固結した砂岩と泥岩の地層（後期白亜紀ジアイン層）がなす天然の崖。風もなく雨も降っていないのに，砂粒がたえまなく落下して麓で崖錐をつくっている。粉体がつくることのできる斜面の最大傾斜角（安息角）を超えた部分では，母岩との結合力が弱まっている粒子は留まることができない。粒子がまったく固結していない崖錐では，半ば固結している崖より安息角が小さいので，勾配も緩い。〔中国黒竜江省ジアイン，黒竜江右岸；1999年5月〕

147 覆道

国道336号線，通称「黄金道路」。1934年，路面に'黄金を敷き詰めるほどの経費'を投じて完成をみたため，この名がある。当時は未舗装の一車線道路であった。落石と波浪を避けるため，改修が重ねられて隧道と覆道が増え，この覆道は画面右外の隧道までつなげられた。かつて波をかぶりながら入り江と岬を一つ一つ巡っていたこの道路は，現在はさながら地下道〜半地下道の様相を呈している。〔北海道広尾町；1980年8月〕

148 地すべりの置きみやげ

東京湾を挟んで三浦半島と房総半島は地質学上は一続きで，主に第三紀層からなる。そのなかで，葉山と嶺岡を通って両半島を横断する葉山－嶺岡帯には，基盤をなす岩石（海底噴出溶岩，各種火成岩・変成岩塊を取り込んでいる蛇紋岩）が露出している。基盤岩は第三紀層よりも堅固であるため，高台や山陵となっているが，蛇紋岩は脆いため地すべりが多発している。ここでは，右手の山から到来した地すべり体の蛇紋岩は波にさらわれ，含まれていた大きい岩塊だけが，そこかしこにポツネンと鎮座している。絵の岩塊は火山角礫岩。背景の島とその向こうの崖は海底噴出溶岩。〔千葉県鴨川市，八岡海岸；2006年5月〕

氷冠と氷舌

急峻な山岳では，山頂や山稜から河川によって刻まれた深いV字型峡谷は，入り込んだ氷舌が成長した谷氷河によりさらにうがたれてU字谷に変わる。アイスランドには独立火山が多く存在するものの，いずれも流れやすい溶岩からできているため，皿を伏せたように扁平で，斜面に目立った峡谷も発達していない。低い丘のような山の頂部を覆う氷冠（氷帽）の縁は不定形で，そこから幅広い氷舌が放射状に垂れ下がっている。氷河自体も薄いため大きい荷重圧を受けていないので，氷となる前の雪の中に閉じ込められていた空気は圧縮されていない。そのため，南極氷床の氷のように圧力から解放された太古の空気が気泡となって立てるプチプチ音を聴きながらオンザロックを楽しむことはできない。

149 氷舌

〔アイスランド，ホフンより北西方ホルナ・フィヨルドを隔てて，バトナ氷河の氷舌を望む；2004年8月〕

V 大地の造形

b 氷河

150 氷冠

島の真ん中にありながら標高わずか1800mの扁平な丸い山を覆うホフス氷河。〔アイスランド,クヴェラベトリルから東方を望む；2004年8月〕

151 マッターホルン

マッターホルンをはじめ，急峻な山は氷期の最盛期にも氷に覆われることがなかった部分（ヌナタク）。手前の緑がかった岩場は，氷河に覆われて侵食を受けたため，表面はごつごつとしているが，全体として滑らかになっている。〔スイス，ゴルナーグラート；1991年9月〕

152 カール（圏谷）氷河

手前のゴルナー氷河を涵養している山腹の小氷河。氷河頂部で，岩壁に張り付いた氷がはがれる際に，岩をもぎ取って急崖をつくる（サッピング）。このような'肘掛け椅子'状の地形は激しい火山噴火によってもつくられるが（たとえば，セントヘレンズ火山），サッピングによってできたものをカール（圏谷）と呼ぶ。中央の裸岩を挟んで，左側がシュヴァルツェ氷河，右側がブライトン氷河。
〔スイス，ゴルナーグラート；1991年9月〕

153 氷河の合流

右上で合流しているツウィリングス氷河（右）とグレンツ氷河（左）が，さらに，手前のゴルナー氷河と合流。2つの氷河が合流すると，それぞれの氷河の両縁に連なっている岩屑（側堆石）の片方が一緒になって合流後の氷河の中軸を占める（中堆石）。ゴルナー氷河にも1本の中堆石が見られるので，上流（左）で2つの氷河が合流していることが分かる。〔スイス，ゴルナーグラート；1991年9月〕

154　氷河末端

スカンジナビア半島の谷氷河の1つ，ヨステルダルス氷河のボヤ氷舌。谷幅が狭いため，削り取られる岩屑は少なく，末端部でもきれいな氷が見られる。手前の池は，氷河が磨りつぶした岩石の微粉を多量に含んでいるので，乳白色を呈している。〔ノルウエー，ブレバスヒッタ；1999年8月〕

155　氷河末端湖

アイスランド最大のバトナ氷河から南東方に垂れるブレイザメルクル氷舌の融氷河水*が，海岸沿いの砂州に堰き止められてできた湖（ヨークルサルロン湖）。水陸両用車にて見物。〔アイスランド，ホフン西方50km；2004年8月〕

156 U字谷

典型的なU字型断面をもつ氷食谷。谷氷河がつくった岩屑が，融氷河水流によって谷の末端から押し流され，扇状に広がってアウトウォッシュ平野をつくっている。〔アメリカ，カリフォルニア州シエラネバダ山脈東斜面；1995年8月〕

Ⅴ 大地の造形

b 氷河

157　氷河が研いだ刃—アレート

並走している 2 つの谷氷河がそれぞれ U 字谷をうがつと，両者に挟まれている山稜は刃のように鋭くなる（アレート）。〔ノルウエー，ソグネ・フィヨルド北方；1999 年 8 月〕

158 ヨセミテ峡谷

シエラネバダ山脈の巨大な花崗岩体を貫くこの峡谷は，河川と氷河の共同作品である。隆起していく地塊にマーセド川が刻んだ深いV字谷は，谷氷河によってU字谷に改修された。氷期の後しばらくの間，谷は融氷河水を抱える湖となっていて，谷底は土砂によって埋積された。このためU字型の断面が見られる谷は，滝を介して本流と合流している支流に限られる。〔アメリカ，カリフォルニア州グレーシャーポイントより北東方を望む；1995年8月〕

159 フィヨルド

北西方でノルウェー海に通じるゲイランゲル・フィヨルド。典型的なU字谷で両側は絶壁をなしている。〔ノルウェー，ゲイランゲル；1999年8月〕

160　浅いフィヨルド

流れやすい溶岩からできているアイスランドには急峻な山がない。氷河は，丘のような高まりの頂部を覆う薄い氷冠にすぎない。このため，その縁から垂れる幅広く薄い氷舌がつくる谷とそれに続くフィヨルドは浅く，険しい絶壁をともなわない。〔アイスランド東岸；2004年8月〕

V　大地の造形

b　氷河

161 氷食谷湖——グラスミア湖

ブリテン島中部の湖水地方では，中央を東西に走るカンブリア山地から氷河が南北に流下して多くの氷食谷を残した。その多くが水を湛えているため，その名がある。

最大のウィンダミア湖のすぐ近くにあるグラスミア湖は，池と呼ぶほうがふさわしい。一帯に分布するシルル紀の頁岩〜粘板岩は，板状に薄く割れやすいため，牧場の隔壁，家屋の石材として利用されている。〔イギリス，湖水地方南部；1994年8月〕

162　終堆石

シエラネバダ山脈東斜面に小さいU字谷がほぼ等間隔に並び，谷氷河が押し出した終堆石が連なって丘陵をつくっている。〔アメリカ，カリフォルニア州ビショップから西方を望む；1995年8月〕

V　大地の造形

b　氷河

163　側堆石

氷河が残した谷の末端部を占めている水たまり。谷氷河の縁に載っていた側堆石（正面）と氷河末端に押しやられていた終堆石（手前）が堤となって画面右外側の山陵から流れ出る河川水を湛えている。〔アメリカ，カリフォルニア州コンビクト湖；1995年8月〕

V 大地の造形
b 氷河

164 氷河が引っ掻いた痕

谷を下る谷氷河はもちろん，平坦地を覆う氷床も最も厚い中心部から四方にゆっくりと移動している。氷河の侵食は極めて強力で，岩盤の凹凸を削り，もぎ取った岩塊を氷底に組み込んで移動していく。このため氷河が通過した岩盤には擦り傷（氷河擦痕）ができる。氷河擦痕は氷河に覆われたことを示すとともに，氷河の移動方向を示す記録でもある。〔フィンランド，ヘルシンキ，国会議事堂前；1999年8月〕

165　氷河の置きみやげ―迷子石

雄大な山岳に囲まれた小高い丘の上のストーン・サークル遺跡。堆積岩が分布するこの地方には見られない火山岩の岩塊（直径1〜2m）が直径20mほどの輪に並べられている。岩塊は，湖水地方中央を東西に走るカンブリア山地から氷河が運んできた中期オルドビス紀ボロデール火山岩である（迷子石）。岩肌には運ばれる過程でついた擦り傷（氷河擦痕）が見られる。〔イギリス，湖水地方北部キャッスルリグ；1994年8月〕

166　氷河がつくった平原

更新世のバルト海沿岸地方には，大陸氷河が少なくとも3回にわたって北方から侵入した。氷河によって削られた大地は氷河が運搬してきた土砂（漂礫土またはドラムリンという丘）に覆われて，緩やかな波曲を呈する平原となっている。〔ポーランド，ワルシャワ―トルニ間；1991年9月〕

Ⅴ　大地の造形

b　氷河

167　融氷河水流

イタリア国境をなす山稜から流れ出るマッターフィスプ川。氷河によって磨りつぶされた岩石の微粉を多量に含んでいるため，乳白色を呈している。〔スイス，ツェルマット―ブリーク間登山鉄道沿い；1991年9月〕

V 大地の造形

b 氷河

168 融氷河水流の氾濫源(サンドゥル) 1

ミルダルス氷河から勢いよく山地を流れ下ってきた融氷河水流は、海岸の平坦地に達すると行き場を失い、扇状に広がって、抱えてきた大量の土砂をまき散らす。勾配が緩い平坦な堆積低地(アウトウォッシュ平原;アイスランド語でサンドゥル)の上で、位置の定まらない無数の流れに分かれて海に注ぐ。〔アイスランド,ビク;2004年8月〕

169 融氷河水流の氾濫源（サンドゥル）2

ミルダルス氷河の南側に広がるゾルハイマ・サンドゥル。堆積物は，黒っぽい鉱物（鉄苦土鉱物，有色鉱物）からなる玄武岩が砕かれてできた砂礫であるため黒ずんでおり，浜辺といえば白砂青松という日本の海浜とはほど遠いおもむきを呈している。汀線帯では，もともと少ない白っぽく軽い鉱物（珪長鉱物，無色鉱物）が，満潮時に波浪や潮流によって運び去られるため，いっそう黒々としている。〔アイスランド最南端のディルホゥラエイ丘陵から西方を望む；2004年8月〕

170 花崗岩の風化

角のとれた巨岩は，人の手で丸く削られたのでも，自然の丸石を積み上げたものでもなく，もともとある場所で丸くなったのである。花崗岩は，互いに直交する3方向の割れ目（節理）ができやすく，1稜が1〜2mの直方体や立方体に分割されていることが多い。割れ目に入り込む水の量は，立体の側面，稜，角の順に多く，化学的風化*（溶食）もこの順に顕著となる。このため，花崗岩は貫入した位置で楕円体や球の形状を示すことが多い。〔奈良県奈良市，笠置山；2004年8月〕

171　石灰岩の風化

遠目には滑らかに見える岩壁も，仔細に眺めるとささくれだっている。石灰岩をつくる方解石は，大気からの二酸化炭素を含む雨水と反応して，重炭酸カルシウムとなり水に溶ける（化学的風化*；溶食）。割れ目に入り込んだ雨水はしばらく滞留するので，岩肌を流れ伝わる雨水よりも溶食に時間をかける。この水が凍れば膨張して強大な破壊力を発揮する。こうして岩壁は内側からも破壊されていく。〔中国広西壮族自治区桂林市；2006年9月〕

172 石灰岩の溶食地形—ドリーネ

カルスト地形が広がる石灰岩台地の下では，地下水によってうがたれた洞窟が迷路のように発達している。雨水は微かな割れ目を通って地下の洞窟に達する。やがて，雨水の受け入れ口は溶食によって漏斗のような形に広がり，地表水の吸い込み孔（ドリーネ）となる。〔山口県美祢市，秋吉台；2007年4月〕

Ⅴ 大地の造形

c 雨水

173 雨水がうがった溝—ガリ 1

脆弱な地層が岩肌を流れる雨水によって刻まれ，土柱ができかけている。地層は細礫混じりの砂岩で，恐竜骨化石の破片を含んでいる（白亜紀のジアイン層）。ロシア国境地帯につき，案内者の中国科学院教授でさえも入境許可証が必要。そのうえ，公安員が2人ついてきて常に行動を監視していたが，調査期間後半には気を緩めて，我々が調査中は移動用の舟艇に居残って酒浸り。対岸はロシア
〔中国黒竜江省ジアイン，黒竜江右岸；1999年5月〕

174 雨水がうがった溝—ガリ 2

丘陵の中ほどを占めるやや堅固な地層ではまばらなガリが，その下の軟弱な地層では無数に分岐している。〔トルコ，カッパドキア，ウチヒサール付近；1997 年 9 月〕

V 大地の造形

c 雨水

175　雨水がうがった溝―ガリ 3

高原を侵食するガリ。なだらかな丘陵の牧草地や農耕地を荒廃させる，代表的な侵食形態である。トルコは国をあげてその対策に取り組んでいるようだ。〔トルコ，キュレ南方；1997 年 8 月〕

176 雨水の彫刻 1

脆弱な凝灰岩層が無数のガリによって刻まれている。防災の面からも牧草地や農耕地の保全の面からも大きい脅威であるガリが，ここでは観光客を引き寄せる奇岩を生み出している。〔トルコ，カッパドキア，ウチヒサール；1997 年 9 月〕

Ⅴ　大地の造形

c　雨水

177　雨水の彫刻 2

ガリ侵食の最終段階。柱をなす凝灰岩は脆弱であるが，てっぺんにはそれより堅固な凝灰角礫岩が載っている。ヘルメット役をなすこの岩層（帽岩，キャップロック）が落下したり削り取られた部分では，その下の凝灰岩は柱の根元のレベルまで侵食されている。たまたま残った3片の帽岩がこの「三人の美女」を侵食から守り抜いてきた。〔トルコ，カッパドキア，ウチヒサール；1997年9月〕

178 グランドキャニオン

峡谷の壁には 少なくとも15億年にわたる地層の重なりが現れている。対岸では緩く傾斜している先カンブリア代後期の地層が，古生代（カンブリア紀〜ペルム紀）の水平な地層に不整合（131参照）で覆われている。傾斜層の下では，この地域に露出する最古の岩石である約17億年前の変成岩がコロラド川の急流に洗われているが，ここからは見えない。地表の堅固なペルム紀カイバブ石灰岩層に流れが切り込むと，その下の脆弱な地層では，水流が谷壁を削るよりも下方を刻むほうに集中して，深い峡谷を一気にうがったのである。〔アメリカ，アリゾナ州モハーベ・ポイントより；1995年8月〕

Ⅴ 大地の造形

d 河川

179 リトル・コロラド川

グランドキャニオン上流のコロラド川支流。グランドキャニオンでは，大きさの目安となる物がないため，半日がかりで谷底に降りるでもしない限り，その雄大さを実感することができない。その点，この峡谷は，河川侵食を実感するのに手頃な大きさである。ここでも地表面はカイバブ石灰岩で，この川の支流では，谷の切り込み口（谷頭）からわずか数 m 下流では谷底の深さは 100m 以上となる。つまり，谷頭も峡谷壁と同様の絶壁となっている。〔アメリカ，アリゾナ州；1995 年 8 月〕

V 大地の造形

d 河川

180 河岸侵食

雨季には濁流が渦巻く川も，乾季には深さがせいぜいくるぶしまで程度の流れとなる。岩石の露出に乏しい準平原地域では，地質調査を進めるうえに川筋は貴重なルートである。流れがぶつかっている側の攻撃斜面はえぐられて崖となっているのに対して，対岸の流れが緩い滑走斜面では，上流から運ばれてきた土砂が堆積して州（突州）をつくっている。〔ケニア，マチャコス地方キルング；1979年8月〕

181 山間を流れる川

霊場高野山に源流を発する有田川は、上流部を除いて、秩父帯中軸の細長い白亜紀層の分布域（108参照）を流れる。また、下流の平野部よりも山間部に曲流が多い。山地での蛇行（穿入蛇行）は、地盤が隆起するか海面が低下することによって、それまで低平野を蛇行（自由蛇行）していた川の侵食力が増し、流路の形態を保ったまま川底を削って、つまり、両側を山として残して出現する。〔和歌山県有田川町清水、あらぎ島；1968年5月〕

182 モニュメント・バレー

岩山がほぼ同じ高さで屹立している。その高さで広がっていた高原が河川や風による侵食と崩落によって解体された跡に，辛うじて残存しているもの。尖塔状のものをビュート，台地状のものをメサと呼ぶ。この地点の岩山は，土台と台座がハルガイト層，その上で塔をなしている部分がシーダーメサ砂岩層（いずれも前期ペルム紀）からできている。グランドキャニオンが失われた部分の深さを誇っているのに対し，ここでは残されている部分の高さが目玉となっている。〔アメリカ，ユタ州；1995年8月〕

183　流れがつくる砂模様―リップル 1

風や流水が押し流している砂層の表面にはリップルと呼ばれる模様ができることが多い。畝と溝がほぼ等間隔で流れに直交して並ぶ。大きさはさまざまであるが，畝の上流（風上）側斜面は長く緩やか，下流（風下）側は短く急，という共通の特徴を示す。このため，流れや風がないとき，あるいは地質時代の地層でも，リップルがあれば地層をつくった水流の方向や風向を読み取ることができる（186 参照）。〔ケニア，マチャコス地方キルング；1979 年 8 月〕

184　メコン川

メコン川中州に発達する巨大なリップル（メガリップル）。大きさにかかわらず上流側（左手）の斜面が緩やかで長いことは，183で説明した通りである。このように大きいメガリップルが，地層と見まがう大規模な斜交葉理をつくる（186参照）。対岸はラオス。〔タイ中部ナコーンパノム；2003年12月〕

185 流れがつくる砂模様—リップル2

183と184の例では，リップルがほぼ直線的であるが，干潮時の砂浜を横切るこの細流では分裂している。それでも上流側（左手）の斜面が緩やかで長いという特徴は維持されている。一般に，流速が大きくなると，直線状の畝が分裂する（リップルでは下流側に凸の舌状，メガリップルでは上流側に凸の馬蹄形）。〔三重県鳥羽市，夏見海岸；2003年11月〕

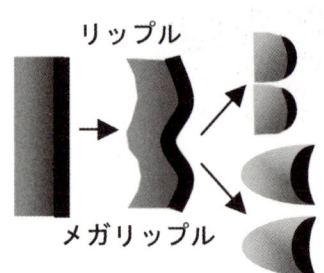

流速 小 ——→ 大

リップル

メガリップル

186 リップルが残した地層

リップル下流側の急斜面が地層内部に保存されていると（斜交葉理），地層を堆積させた流れの向きを示す記録となる。画面は，ほぼ水平な地層中にメガリップルからできた斜交葉理。この地層（プハウィハン層）を堆積したジュラ紀～白亜紀の大河は左手に向かって流れていたことが分かる。〔タイ中部，カラシン，プファン国立公園；2003年12月〕

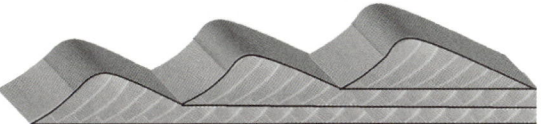

187 イラワジ川の河口

ヒマラヤ山系の東端に源を発するイラワジ川は1000 km余の旅を終えてヤンゴンでインド洋に注ぐ。高温多湿な熱帯地方では，岩石をつくっている鉱物は化学的風化*（加水分解）により分解され，微細な粘土鉱物*となる。下流区間は河床勾配が極めて小さいため，粗い粒子は途中で置き去りにされ，粘土鉱物などの細かい粒子だけが河口に達する。河口に立地するこの港湾底は粘土で埋め尽くされている。〔ミャンマー，ヤンゴン；2000年8月〕

188 網状河道

ヤールンツァンボ川は，ヒマラヤ山脈の北側を延々と東流して，山脈東端部でやっと南に転じ，バングラデシュでガンジス川と合流してベンガル湾に注ぐ。チベットのこの地点では，大小無数の州をめぐって水流が網の目のように分流と合流をくりかえす，網状河道をなしている。河道がこのようになるには，いろいろの要素が絡んでいて，成因に定説はないようである。〔中国チベット自治区ラサ東方；2001年10月〕

189　トラバーチンの帯

背景の雲宝頂（5588m）を主峰とする山陵斜面を流れ下る水流。全体としては幅広い流路をもっているのであろうが，ここでは三畳紀の岩盤に切り込む深い谷は見られない。流れは布状に広がっていて浅く，水源域や流路で溶け込んだ石灰分が流れから沈殿したトラバーチンが岩盤を覆っている（190に続く）。〔中国四川省黄竜；2006年9月〕

V 大地の造形　d 河川

190　トラバーチンの棚田

流れの中の岩角に小枝などがひっかかると，つぎつぎと枝葉が重なって小さい堰ができ，これが石灰分によってコートされて，棚田のような小地形が現れる（191に続く）。〔中国四川省黄竜；2006年9月〕

191　トラバーチンの積もり方

右下の円形の窪みに，石灰沈殿物が数枚の薄層をなしているのが見られ，沈殿が進行する期間と途絶える期間（おそらく乾期と雨期）がくりかえしていたことが分かる。1枚の層ができるのに数千年から数万年かかると考えられるので，この縞状構造を調べることによって，この地域の第四紀における気候変化が明らかになろう。〔中国四川省黄竜；2006年9月〕

192 全面結氷も間近のウスリー川

まだ11月というのに，日中の最高気温が零度を超えない。雪が舞い，浅い川や池は凍結している。直径100mほどの薄い氷の板が流れているこの川面が全面凍結する日も近いであろう。対岸はロシア。〔中国黒竜江省，旧満州帝国駐屯大日本帝国陸軍のフートン要塞前；2005年11月〕

193 波による研磨

満潮時に波をかぶる浜辺に露出している，秩父帯中軸部の白亜紀砂岩（108参照）。砂礫を巻き込んだ波に削られて表面が滑らかとなっている。波が届かない背後の砂岩層では，地層面と割れ目（節理）が交差してできる稜や角に丸みがない。〔三重県鳥羽市，夏見海岸の松尾層群；2006年11月〕

194 ドーバー海崖

ドーバー海峡とその両岸一帯は，白亜紀には暖かい海に覆われ，石灰質（炭酸カルシウム）の殻をもつ動・植物プランクトンが大繁栄を遂げていた．その遺骸は海底に沈んで厚さ数百mものチョーク（白亜；ラテン語でCreta）に変身した．隆起して陸化したチョーク層が波にさらされて白い崖（海食崖）をなしている．このチョークが白亜紀（Cretaceous）という地質時代名のもとであり，この時代の地層は，チョークでなくても白亜紀層と呼ばれる．〔イギリス，ドーバー港沖；1991年8月〕

195　海食崖と海食洞門

溶岩台地が垂直の海食崖で断たれている．打ち寄せる大西洋の荒波によって，崖の基部につけられた窪み（波食窪）が次第に大きくなり（海食洞），ついには崖を突き抜けて海食洞門に成長した．〔アイスランド最南端のディルホゥラエイ岬；2004年8月〕

196　馬の背洞門

海食洞門の手前から画面右外側にかけて，波に削られて平坦となった岩棚（波食棚）が現れている。どちらも現在は満潮時でも波をかぶらない高さにある。1923年9月1日の関東地震の際に，一気に2m近く隆起して現在の高さとなった。〔神奈川県三浦市城ヶ島，後期中新世初声層；2000年5月〕

197　離れ岩

石炭紀〜ペルム紀の石灰岩がなす双子岩（ガチョイ島）。もともと連続していた石灰岩層が割れ目に入り込んだ雨水の溶食作用によって分裂したもの。海水面と接する部分には『背くらべ』の'柱のキズ'のように，現在の海水準を記録する窪み（波食窪）が刻まれている。〔ベトナム北東部，ハロン湾；1991年3月〕

198 砂州と離れ岩

岬をなす2つの溶岩台地の間を埋めるサンドゥール。融氷河水*は，沿岸流がつくった砂州によって塞き止められて潟となっている。遠景の離れ岩（レイニスドランガル・ニードルス）はもともと岬と続いていたが，左側の部分が柱状節理（145参照）に沿って倒壊したため，岬から切り離されたもの。〔アイスランド最南端のディルホゥラエイ岬から西方を望む；2004年8月〕

199 海底面変じて高台をなす

三浦半島南部と城ヶ島の中新世三浦層群は強く褶曲しているうえに，数多くの断層によって上下にずれている。それにもかかわらず海岸から切り立つ崖の上には平坦面（三崎台地）が広がっている。これは，1万年前以降につくられた平坦な波食棚が隆起してできた海成段丘である。段丘は，富士山をはじめ関東平野西側の火山からの火山灰など（関東ローム層）に覆われ，肥沃な土壌に恵まれて蔬菜栽培がさかんである。〔神奈川県三浦市，岩堂山から南方を望む；2000年10月〕

200　かつての山陵がなす岬

志摩半島の四万十帯。更新世氷期の海水準が低下した期間に刻まれた谷は，氷期が終わり海水準が上昇するのにともなって溺れ谷となり，山陵は斜面が急な半島〜岬となった。このような沈水海岸は，それが典型的に発達するスペイン北西部のリアスに因んで，リアス海岸と呼ばれる。背景をなす山並みもすべて，それぞれ入り江〜湾に隔てられた半島である。〔三重県志摩市鵜方，登茂山より英虞湾を望む；1989年8月〕

V　大地の造形
e　海

201 大陸はどこに？

ドーバーを出航した英仏海峡フェリーが，行く先のベルギー，オステンデ港に近づくにつれて不安になってきた。海岸線と平野，そしてその背後に連なる山並みという，日本ではどこでもおなじみの景観がなく，陸地がまるで見えないのである。連なる並木が辛うじて乾陸の存在を示し，上空に漂うもやが人間の営みを反映しているにすぎない。考えてみれば，この方向には約 4000km も東のウラル山脈まで山らしい山はないのである。〔ベルギー，オステンデ沖；1991年8月〕

202 メキシカン・ハット

水平に重なっている地層の上に，メキシコ人がかぶる帽子の形をした岩が佇立している。削剥を免れて残っていた最後のひとかたまりが，風に飛ばされる砂粒に根元を削られて生じた奇岩。岩石を削るような粗い砂はよほどの強風でも高くは上がらないので（一般に 25cm 以下），下の地層（台座岩）の面すれすれの位置が選択的に削られた結果である。〔アメリカ，ユタ州；1995 年 8 月〕

Ⅴ 大地の造形

f 風

203 茸岩

メキシカン・ハットのような風食岩塊は，その形態の類似から茸岩という一般名で呼ばれる。'神々の庭園'（133参照）に向けて走行している車両からの望見であるため，この白亜紀層の地層名は不明。〔アメリカ，コロラド州コロラドスプリングス；1995年8月〕

204 砂丘

ほぼ直線状の河道を吹き抜ける風によって河床の砂がメガリップル（砂丘）をつくっている。形成機構は流水によるメガリップルとまったく同じ。風が強ければ規模も大きくなり，かつ風上側に凸の馬蹄形に分裂する（185 参照）。風が弱いときには砂丘表面に小さいリップル（風紋）が生じる。〔中国チベット自治区ラサ南方，ヤールンツァンボ川左岸；2001 年 10 月〕

V 大地の造形　f 風

205 砂丘群

すぐ東側にある先カンブリア代花崗岩の山地から洗い出された砂が，東寄り（右→左）の卓越風によってつくったメガリップル（馬蹄形砂丘）。最も高いものは200mに達する。手前のサンルイス川河床にできているリップルは，対照的に逆向きの流れを示している。〔アメリカ，コロラド州グレートサンドデューン（大砂丘）国立公園；1995年8月〕

206　砂丘からできた地層 1

中期ジュラ紀には北アメリカ大陸を覆っていた浅海が退き，広範囲が砂漠と化した。砂漠を吹き渡る風によって砂が砂丘（メガリップル）をなして移動し，厚い地層（ナバジョ砂岩層）を堆積させた。砂丘の風下側の斜面が地層中に斜交葉理となって残されている。斜交葉理が傾斜している方向が風下である。〔アメリカ，ユタ州ザイオン国立公園；1995 年 8 月〕

207 砂丘からできた地層2

斜交葉理の傾斜方向が一定していないのは卓越風向が頻繁に逆転したことを物語っているのではない。馬蹄形のメガリップルでは，スプーンの形をした風下側斜面が斜交葉理として地層中に保存される。スプーンを縦断する崖（前ページ206，下図の右側面）では，斜交葉理はcのように一定方向に向いている。しかし，横断する崖で断面の一部のみが現れていると，下図のa，bのみを見ることになる。画面左下の地層で全体が現れている斜交葉理から，風は手前に向かって吹いていたことが分かる。〔アメリカ，ユタ州ザイオン国立公園；1995年8月〕

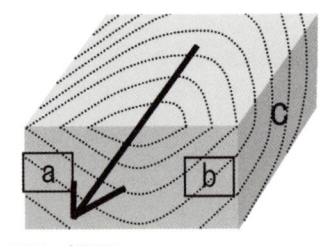

下流／風下

208 欧州大陸の分水界―モラビア門

門とは，モラビア高原の上に建てられている対をなす塔のことではない。よく見ると，画面左下から右上にかけてごく微妙な高まりが延びている。この高まりがなんとモラビア高原の稜線で，この地方の欧州の分水界をなしている。右側は黒海，左側はバルト海の流域に属する。バルト海側にはエルベ川の1支流が源を発し，黒海側の川はいずれもドナウ川に合流する。〔チェコ，モラビア高原；1991年8月〕

209　侵食作用の果て

かつては高さと険しさを誇った山岳地帯も，長い期間にわたる侵食の末，これ以上削りようがないという平原となってしまう。プレートの内部にあって長らく地殻変動*を受けることのない地域を代表する地形の1つ。グランドキャニオン地域や関東平野のように水平な地層がなしている平原と区別して，準平原と呼ばれる。〔イギリス中部，ロウダー；1994年8月〕

210 鳥形山

この山は，海底火山の頂部を覆うペルム紀のサンゴ礁*が，海溝*の沈み込み帯*でジュラ紀の付加体*中に丸ごと転がり込んだ，巨大な石灰岩岩塊からなる。セメント原料の生産のため1971年に採掘が始まった。標高は1459.4mであったのが，1983年現在で100mほど低くなっている。〔高知県仁淀川町仁淀；1983年11月〕

211 武甲山1

関東山地東部に分布する後期三畳紀付加体*の一部をなす石灰岩岩体で，1917年に採掘が始まった。山容は著しく変貌しているが，新第三紀に陥没してできた秩父盆地を辛うじて見下ろしている。地酒の銘柄としても親しまれている名山も，このまま採掘が続けば，やがて見る影もなく変わり果ててしまうことであろう。〔埼玉県秩父市坂本付近より東南東方向を望む；1994年10月〕

212 武甲山2

石灰岩貨物列車。
〔埼玉県秩父市, 秩父鉄道影森駅; 1994年10月〕

V 大地の造形
h 地形の人工改変

213　採石場跡

北海道が生まれた時に，マントル*から持ち上げられた巨大なかんらん岩*岩体の一部（142参照）。主な構成鉱物であるかんらん石を耐火材として利用するため採掘されていたが，現在は稼働していない。採掘跡は階段状に均され植被が施されている。〔北海道様似町，幌満川河口付近；1977年夏〕

V 大地の造形

h 地形の人工改変

214 平原の採石場

カルー層の砂岩を採掘した跡の水溜まり。カルー層が分布する地域は高まりがほとんどない準平原であるため、穴を掘って採石する。カルー層は、パンゲア大陸*が分裂する前の古生代末から中生代初期にかけて、大陸内部で広く堆積した陸成の地層。ケニア東海岸とマダガスカル西海岸では、両者が分裂した跡に侵入した海の堆積物である海成ジュラ紀層がその上に載っている。〔ケニア、モンバサ北方；1977年夏〕

215 ボタ山

北九州や北海道の炭田地帯で随所に見られたボタ山（低品位炭や石炭以外の岩石が積み上げられてできた円錐形の山）は，閉山後久しい最近では植生に覆われ，一見それと分かるものは少なくなっている。この地では白亜紀の石炭がそこかしこで零細な炭鉱によって採掘されている。住民は，炭鉱業者が手を出さない薄い炭層を手掘りしたり，炭坑周辺に落ちている石炭を拾い集めて，家庭用燃料としている。〔中国黒竜江省ジーシー市郊外；2006年11月〕

V 大地の造形

h 地形の人工改変

216 石炭列車

4動輪で排煙板なしの姿は，旧国鉄の力持ち，9000型を彷彿とさせる。『記録写真蒸気機関車』（黒岩保美編集：交友社1969年刊）によれば，このうち「9050型は重い石炭の入れ替えに必要で，全保有数20両以上が軍に徴発され，すべて1m軌間に改造されたうえ，昭和12年から華北に送られた」とある。爾来70有余年，その生き残りにしては若々しい。9050型に若干の改良を加えた後継機であろう。〔中国黒竜江省ジーシー市郊外；2006年11月〕

217　締め切り堤防

ライン川は河口付近で三角州を形成し，いくつもの巨大な州を挟む水路に分流している。海水準以下の干拓地を守るための締め切り堤防が，砂州を結んで延々と連なり，その上を道路が走っている。〔オランダ，ローゼンタール北西方；1991年8月〕

218 万里の長城

整然と配列することの多い褶曲山脈や断層山脈とはちがい，不定形の山塊が不規則に散らばる山岳地帯で，曲がりくねった稜線をたどる防塁が延々と続く。斜面崩壊を防ぐ植林が進められている。絵では無人であるが，現実はもちろんこのような静寂はなく，大声で喋りながら往く人，戻る人がひしめき合い喧噪を極めている。〔中国北京市北西方の八達嶺；1996年8月〕

Ⅴ 大地の造形
h 地形の人工改変

地名索引（国，首都，その他周知と考えられる地名は省略）

ア行

アーカート城	Urquhart	イギリス
アサギベルジン	Aşağı Berçin	トルコ
アナトリア	Anatolia	トルコ
アマスヤ	Amasya	トルコ
アムール川	Amur R.	ロシア
アルマンナギャオ	Almannagjá	アイスランド
アンタルヤ	Antalya	トルコ
イネボル	Inebolu	トルコ
イラワジ川	R. Irrawwady	ミャンマー
インスブルック	Innsbruck	オーストリア
インバネス	Inverness	イギリス
ウィナム湾	Winam Bay	ケニア
ウィンダミア湖	L. Windermere	イギリス
ヴェデカ	Wedeka	マラウイ
ウチヒサール	Uçhisar	トルコ
ウルガス	Ilgaz	トルコ
エマリ	Emali	ケニア
エラーズ	Elâzığ	トルコ
エルジェス火山	Erciyes Dag	トルコ
エルジンジャン	Erzincan	トルコ
エルベ川	Elbe	ヨーロッパ
エルメンテイタ湖	L. Elmenteita	ケニア
エンチャウ	YenChau	ベトナム
オステンデ	Ostende	ベルギー

カ行

カイバブ石灰岩	Kaibab Ls.	アメリカ
カシツ川	Kasitu R.	マラウイ
ガチョイ島	Gàchoi Is.	ベトナム
カッパドキア	Cappadocia	トルコ
カトラ火山	Katla Vol.	アイスランド
ガムリン(層)	昴仁	中国
カラシン	Kalasin	タイ
カラダー山	Karadag	トルコ
カルー層	Karroo G.	ケニア／マラウイ
カロンガ	Karonga	マラウイ
カンブリア山地	Cumbrian Mts.	イギリス
キャッスルリグ	Castlerig	イギリス
ギャンツェ	江孜	中国チベット
キュレ	Küre	トルコ
ギヨッタ・ギャオ	Grjótagjá	アイスランド
キリス	Kilis	トルコ
キリマンジャロ	Mt. Kilimanjaro	タンザニア
キルキュバイヤルクロイストル	Kirkjubæjar klaustur	アイスランド
ギルギル	Gilgil	ケニア
キルング	Kilung	ケニア
クヴェラベトリル	Hveravellir	アイスランド
クズルダー山	Kızıldag	トルコ
グラスミア湖	L. Grasmere	イギリス
クラブラ・リフト	Krafla Rift	アイスランド
グランドキャニオン	Grand Canyon	アメリカ
グランピアン高原	Grampian H.	イギリス
グレゴリー・リフト	Gregory Rift	ケニア
グレーシャー・ポイント	Glacier Point	アメリカ
グレートグレン断層	Great Glen Ft.	イギリス
グレンツ氷河	Grenz Gl.	スイス
ゲイランゲル・フィヨルド	Geiranger Fj.	ノルウエー
ケニヤッタ・ビーチ	Kenyatta Beach	ケニア
ケープ・マックレー	Cape Maclear	マラウイ
ケリチョウ	Kericho	ケニア
ゲリボル	Gelibolu	トルコ
湖水地方	Lake District	イギリス
コブレンツ	Coblenz	ドイツ
コムソモルスク	Komsomol'sk-na-Amure	ロシア
ゴルナー氷河	Gorner Gl.	スイス
ゴルナーグラート	Gornergrat	スイス
コロラド川	Colorado R.	アメリカ
コロラドスプリングス	Colorado Springs	アメリカ
コンザ	Konza	ケニア
コンビクト湖	L. Convict	アメリカ
コンヤ	Konya	トルコ

サ行

ザイオン	Zion	アメリカ
サフランブル	Safranbolu	トルコ
サヤマ	Sayama	マラウイ
ザンベジ川	Zambeze R.	モザンビーク
サンルイ川	San Luis R.	アメリカ
ジアイン	嘉萌	中国
シェキン(層)	没興	中国チベット
シエラネバダ山脈	Sierra Nevada	アメリカ
シガツェ	日喀則	中国チベット
ジゴン	自貢	中国
ジーザス砦	Fort Jisus	ケニア
ジーシー	鶏西	中国
シーダーメサ砂岩層	Cedar Mesa SS	アメリカ

地名索引

シュヴァルツェ氷河	Schwärze Gl.	スイス		デステク	Destek	トルコ		バトナ氷河	Vatnajökull	アイスランド
シュバルツバルト(黒い森)	Schwarzwald	ドイツ		デッザ	Dedza	マラウイ		パドバ	Padova	イタリア
シレ川	Shire R.	マラウイ		ドゥワ	Dowa	マラウイ		ハバロフスク	Khabarovsk	ロシア
シンクバトラバトゥン湖	Þingvallavatn	アイスランド		トカト	Tokato	トルコ		バビク	Babik	トルコ
スコウガ滝	Skógafoss	アイスランド		ドナウ川	Donau R.	ヨーロッパ		パムッカレ	Pamukkale	トルコ
スコウガル	Skógar	アイスランド		ドーバー	Dover	イギリス		ハルガイト層	Halgaito F.	アメリカ
スコットランド北部高地	Northern Highlands of Scotland	イギリス		トルニ	Torń	ポーランド		ハロン湾	HaLong Bay	ベトナム
ススワ火山	Susuwa Vol.	ケニア		トロス山系	Toros Mts.	トルコ		ビク	Vik	アイスランド
スパニッシュ・ピーク	Spanish Peak	アメリカ						ビクトリア湖	L. Victoria	アフリカ
スルタンハムド	Sultan Hamud	ケニア		**ナ行**				ビショップ	Bishop	アメリカ
セレンゲティ	Selengeti	タンザニア		ナイバシャ湖	L. Naivasha	ケニア		ビチ火口	Viti Crater	アイスランド
セントヘレンズ火山	St. Helens Vol.	アメリカ		ナクル	Nakuru	ケニア		ピナツボ火山	Pinatubo Vol.	フィリピン
ソグネ・フィヨルド	Sogne Fj.	ノルウエー		ナコーンパノム	Nakhon Phanom	タイ		フートン	虎頭	中国
ゾルハイマ・サンドゥル	Solheima Sandur	アイスランド		ナダン	那当	中国チベット		プハウイファン層	Pha Wihan F.	タイ
ゾンツォ(層)	宗卓	中国チベット		ナバジョ砂岩層	Navajo SS	アメリカ		ブファン国立公園	Phu Phan N.P.	タイ
				ナロク	Narok	ケニア		ブライトン氷河	Breiton Gl.	スイス
タ行				ニイカ高原	Nyika Plateau	マラウイ		フラト川	Furat R.	トルコ
タコマ	Tacoma	アメリカ		ニヤリ橋	Nyali Bridge	ケニア		ブラフ	Bluff	アメリカ
ダーダネルス海峡	Dardanelles Str.	トルコ		ニュープッタズル	Núpsstaður	アイスランド		ブランタイヤ	Blantyre	マラウイ
ダルエスサラーム	Dar es Salaam	タンザニア		ヌチェウ	Ncheu	マラウイ		ブリーク	Brig	スイス
タンガニーカ湖	L. Tanganyika	アフリカ		ネス湖	Loch Ness	イギリス		ブリテン島	Britain Is.	イギリス
チヴェタ	Chiweta	マラウイ		ネムルート火山	Nemrut Vol.	トルコ		ブルーラグーン	Blaa Lonid	アイスランド
チョルム	Çorum	トルコ		ノール・フィヨルド	Nord Fj.	ノルウエー		ブレイザメルクル氷舌	Breiðamerkurjökull	アイスランド
チョロ・リフト	Thyolo Rift	マラウイ						ブレバスヒッタ	Brevasshitta	ノルウエー
チロモ	Chiromo	マラウイ		**ハ行**				ベイジャ	北家	チベット
ツウィリングス氷河	Zwillings Gl.	スイス		ハザール湖	L. Hazar	トルコ		ボア氷河	Vøyabreen	ノルウエー
ツェルマット	Zermatt	スイス		ハサン火山	Hasan Dag	トルコ		ホアビン	HoaBinh	ベトナム
ディエンビエンフー	DienVienPhoo	ベトナム		ハタイ	Hatay	トルコ		ボージュ山脈	Vosges	フランス
ディルホウレイ	Dyrhólaey	アイスランド		バターン半島	Bataan Pen.	フィリピン		ボスポラス海峡	Bosporus Str.	トルコ

ホフス氷河	Hofsjökull	アイスランド
ホフン	Hofn	アイスランド
ホルナ	Horna	アイスランド
ボロデール火山岩	Borrowdale volc.	イギリス
ボンド	Bondo	ケニア
ポンポーサ	Pomposa	イタリア

マ行

マインツ	Meinz	ドイツ
マガディ湖	L. Magadi	ケニア
マサイマラ	Masai-Mara	ケニア
マーセド川	Merced R.	アメリカ
マッターフィスプ川	Matterhvisp R.	スイス
マッターホルン	Matterhorn	スイス
マチャコス	Machakos	ケニア
マーデン	Maden	トルコ
マヘ島	Mahe Is.	セイシェル
マラウイ・リフト	Malawi Rift	マラウイ
マラトヤ	Malatya	トルコ
マリンディ	Malindi	ケニア
マルマラ海	Marmara Sea	トルコ
マロンベ湖	L. Malombe	マラウイ
マンゴチ	Mangochi	マラウイ
ミバトゥン湖	Myvatn	アイスランド
ミルダルス氷河	Myrdalsjökull	アイスランド
ムズズ	Mzuzu	マラウイ
ムボーニ丘陵	Mbooni Hills	ケニア
ムランジェ山	Mt. Mulanje	マラウイ
メネンガイ火山	Menengai Vol.	ケニア
メコン川	Mekong R.	インドシナ半島
モニュメント・バレー	Monument Valley	アメリカ
モハーベ・ポイント	Mohave Point	アメリカ
モラビア門	Moravian Gate	チェコ
モレー湾	Moray Firth	イギリス
モンキー・ベイ	Monkey Bay	マラウイ
モンバサ	Mombasa	ケニア

ヤ行

ヤイラ火山	Yaila Dag	トルコ
ヤールンツァンポ川	雅魯蔵布江	中国チベット
ユーフラテス川	Euphrates R.	西アジア
ヨークルサルロン湖	Jökulsárlón	アイスランド
ヨステルダルス氷河	Josterdalsbreen	ノルウェー
ヨセミテ	Yosemite	アメリカ

ラ行

ライオン・ポイント	Lion Point	マラウイ
ライン川	Rhine R.	ヨーロッパ
ラヴァタ	Lavata	アメリカ
ラキ火山	Laki Vol.	アイスランド
ラサ	拉薩	中国チベット
リトルコロラド川	Little Colorado R.	アメリカ
リビングストニア	Livingstonia	マラウイ
リビングストーン山脈	Livingstone Mts.	タンザニア
リヨンズ砂岩層	Lyons SS	アメリカ
リロングウェ	Lilongwe	マラウイ
ルソン島	Luzon Is.	フィリピン
ルンピ	Rumphi	マラウイ
レイキャネス半島	Reykyanes Pen.	アイスランド
レイザルフィヨルズル	Reyðarfjörður	アイスランド
レイニスドランガル・ニードルス	Reynisdrangar Needles	アイスランド
レイルニュークル	Leirhnjúkur	アイスランド
レーニエ火山	Rainier Vol.	アメリカ
ロウダー	Lauder	イギリス
ローゼンタール	Rosental	オランダ
ロッカイ湖	Loch Lochy	イギリス
ロッホハウゼン	Rochhausen	ドイツ
ロマグニュブル山	Lómagnúpur	アイスランド
ロンゴノット火山	Longonot Vol.	ケニア
ローン湾	Firth of Lorne	イギリス

ワ行

ワーレン湖	Walen See	スイス

著者略歴——坂 幸恭（さか ゆきやす）

1939年奈良県生まれ。
1961年名古屋大学理学部地球科学科卒業，1965年同大学院理学研究科博士課程を中退。
1965年名古屋大学理学部助手。
1967年早稲田大学教育学部助手を経て，1979年同教授。
2008年同退職。
1985〜1997年度日本地質学会評議員。
1998, 1999年度同副会長。
現在，早稲田大学名誉教授，理学博士。
著書に，『基礎地質図学』(前野書店)，『地質調査と地質図』(朝倉書店)，『オックスフォード地球科学辞典』(監訳；朝倉書店)，『ヨーロッパの地形（上，下）』(監訳；大明堂)，『地球環境システム』(学文社)，『地球・環境・資源』(共立出版) など。

地質学者が見た風景

2008 年 5 月 20 日初版発行

著者	坂　幸恭
発行者	土井二郎
発行所	築地書館株式会社
	東京都中央区築地 7-4-4-201　〒 104-0045
	電話 03-3542-3731　FAX03-3541-5799
	ホームページ http://www.tsukiji-shokan.co.jp
印刷・製本	株式会社シナノ
造本・装丁	小島トシノブ

©YUKIYASU SAKA 2008, Printed in Japan
ISBN 978-4-8067-1368-5　C0044